Helmut Veil

Praktiker neuzeitlicher Wissenschaften im Mittelalter

AF664621

Helmut Veil

Praktiker neuzeitlicher Wissenschaften im Mittelalter

Navigatoren, Rechenmeister, Ärzte, Falkner, Künstler

Humanities Online

Bibliografische Information der Deutschen Nationalbibliothek
Die Deutsche Nationalbibliothek verzeichnet diese Publikation in der Deutschen Nationalbibliografie; detaillierte bibliografische Daten sind im Internet über http://dnb.ddb.de abrufbar.

© 2015 Humanities Online
Frankfurt am Main, Germany
www.humanities-online.de
info@humanities-online.de

ISBN 978-3-941743-51-9

Umschlaggestaltung: Uwe Adam
Titelbild: Giottos 1606 zerstörtes Mosaik Navicella in einer Zeichnung des toskanischen Malers Parri Spinello (ca. 1387 bis 1453) von 1420. Metropolitan Museum of Arts

Printed in Germany
All rights reserved

Dieses Buch ist auch als E-Book erhältlich:
www.humanities-online.de

Inhalt

Vorbemerkung

Die auf der Logik des Aristoteles beruhende wissenschaftliche Methode der Beweisführung, die seit dem 17. Jahrhundert als Scholastik mit engstirniger Schulweisheit verbunden wird, hat das Denken der Eliten seit dem Mittelalter bis in die frühe Neuzeit geprägt. Wer sich mit der Geschichte der Wissenschaften dieser Zeit auseinandersetzt, stößt unweigerlich auf eine Flut schriftlicher Zeugnisse von Mönchen, von Dominikanern, Franziskanern und Oberen der Orden, die dem wissenschaftlichen Diskurs ihren Stempel aufgedrückt haben. Wir haben gelernt, die Welt des Mittelalters mit ihren Augen zu sehen. Ihre dominante Sicht wird allerdings spätestens dann zum Problem, wenn man erklären will, wie und auf welchen Wegen sich die für das Abendland charakteristische Verbindung von Wissenschaft und Technologie herausgebildet hat.

Denn die Überlegungen der Kleriker, die zu den wenigen Alphabeten dieser Zeit gehörten, kreisten in erster Linie um eine wissenschaftliche Begründung göttlicher Allmacht in ihrer irdischen Manifestation als Machtanspruch des Papstes, um die Deutungshoheit der Kirche in der Auslegung der Bibel bis hin zur biblischen Verankerung der Vorgänge in der Natur. Sie formulierten Herrschaftswissen, arbeiteten unablässig an der Reparatur des kirchlichen Gebäudes und verteidigten sein Wissensmonopol. So wurden die antiken Philosophen zu Zeugen der Theologie gemacht. Und so waren sie nach den gewaltigen Leistungen der Übersetzung der antiken und arabischen Klassiker mit ihrer spitzfindigen Methode der Auseinandersetzung um Begriffe in der Sackgasse fruchtloser Dialektik gelandet und dogmatisch verhärtet. Selbst schlichte Naturbeschreibungen des Aristoteles galten nun als unumstößliche Wahrheiten und wurden mit christlicher Phantastik unterfüttert.

Eine der Bedingungen für die Entstehung der Wissenschaft der Neuzeit war die Auflösung dieser erstarrten Wissenschaftsstrukturen des Mittelalters. Ist sie von denen eingeleitet worden, deren gesellschaftlicher Einfluss von ihrem Fortbestehen abhing? Wohl kaum. Wenn sich einige von ihnen wie Roger Bacon (1214 bis ca. 1292) oder später Nicolaus von Autrecourt (ca. 1300 bis 1369) zur Rolle des Experiments geäußert haben, war das nur für die scholastische Methode der Disputation etwas Unerhörtes. Für Alchemisten und Bergleute war die Praxis des Probierens schon seit langem zu einem festen Bestandteil ihres Alltags geworden. Solche Einlassungen aufgeweckter scholastischer Geister wie einen epochalen Wendepunkt zu feiern, verbietet sich auch deshalb, weil ihr Einfluss auf das Denken und Handeln ihrer Zeit kaum messbar ist und sie, ihre Schriften oder beide zusammen aus dem Verkehr gezogen worden waren. Diese Rebellion verlorener Söhne der Kirche gegen sterile Disputationen, die einen freien Zugang zu den Erscheinungen der Natur verhinderten, wurden jedoch zum Rettungsanker für die Erklärungsnöte von Wissenschaftshistorikern, die aus den spät aufgefundenen Quellen endlich das *missing link* zu den neuzeitlichen Wissenschaften gefunden zu haben glaubten. Der Franziskaner Roger Bacon ist ein Paradebeispiel für die vielfältigen Brechungen in der Bewertung von Quellen, mit denen ein Blick zurück in die Geschichte rechnen muss.

Bacons Karriere zu einem gefeierten Vorläufer experimenteller Wissenschaft begann erst 1733, rund 450 Jahre nach seinem Tod, mit der unvollständigen Veröffentlichung seines Hauptwerks[1] *Opus majus*. Bis dahin war keine einzige Inkunabel seiner Werke erschienen – für George Sarton ein Indiz, dass er in der »ecliptic« (Finsternis) bereits zu seinen Lebzeiten verschwand, da einflussreiche Manuskripte noch im 15. Jahrhundert gedruckt vorlagen.[2] Die Scholastik war im 18. Jahrhundert zu einem Schimpfwort für sinnentleerte Diskussionen geworden und musste für alles herhalten, was im Wissenschaftsbetrieb seit dem Mittelalter falsch gelaufen war. Da kam die Veröffentlichung des *Opus majus* gerade recht. Bacon hatte seinen scholastischen Brüdern vorgeworfen, sie vernachlässigten Beobachtung und Experiment, genau das, was seit Galilei und Newton inzwischen zur Grundlage einer allgemein akzeptierten naturwissenschaftlichen Methode geworden war. Für Bacons Zeitgenossen, die kaum Gelegenheit zum Lesen seiner Schriften hatten, war er jedoch alles andere als ein naturwissenschaftlicher Revolutionär. Er wurde als ein ungebührlich gegen seine Oberen wetternder Franziskaner wahrgenommen. Die Inhalte seiner Auffassungen zur Natur, zu Optik, Alchemie und Astrologie und zur experimentellen Methode fielen nicht aus dem Rahmen seiner Zeit. Sie waren auch nicht der Grund für seine zeitweise Inhaftierung. Das wurde seit 1914, seinem siebenhundertsten Geburtstag, in detaillierten Untersuchungen nachgewiesenen, falsche Zuschreibungen von Erfindungen korrigiert, sein Lebenslauf erhellt.[3] Er blieb trotz aller gegenteiliger Beweise der Galilei des ausgehenden Mittelalters. Einmal so inthronisiert und zum Star avanciert (»Der Name der Rose«), wird es schwer, das Falschbild zu korrigieren.

Denn Roger Bacon ist zur Identifikationsfigur und zum Angelpunkt einer Wissenschaftshistorie des Mittelalters avanciert, die ihre dynamischen Elemente erst gar nicht in den Blick bekommt. Er spielt den starken positiven Pol für den schwachen negativen Rest, eine Rolle, die ein paar Nummern zu groß für ihn ist. »Fest steht, dass selbst wenn diese Gelehrten bemerkenswerte Eingebungen hatten«, schreibt Le Goff über Bacon und Autrecourt und andere, »das jedenfalls über lange Zeit ohne Folgen blieb. Bei dem Versuch, Früchte zu tragen, wurden ihre Eingebungen durch die drosselnden Flaschenhälse der mittelalterlichen Wissenschaft aufgehalten: das Fehlen eines wissenschaftlichen Symbolismus, der die Prinzipien ihrer Wissenschaft in klare, in großem Maßstab und leicht anwendbare Formeln hätte fassen können, der Rückstand der zur Ausnutzung der theoretischen Entdeckungen unfähigen Techniken, die Tyrannei der Theologie, die den ›Kunstgelehrten‹ (den Gelehrten der *artes*, der sieben freien Künste, H.V.) klare wissenschaftliche Begrifflichkeiten verwehrte.«[4]

Wenn man diese wenig schmeichelhafte und im Grunde genommen perspektivlose Diagnose einer doppelten Blockade für richtig hält, dann müssen in einer Untersuchung des Ursprungs neuzeitlicher Wissenschaft Akteure gefunden werden, die die Blockade gebrochen haben, es sei denn, man wäre der wenig wahrscheinlichen Ansicht, die tiefgreifenden Umwälzungen des gesellschaftlichen Gefüges seien wenigen klerikalen Köpfen entsprungen. Außerhalb des strangulierenden Wissenschaftsbetriebs kommen für einen solchen Kraftakt nur die Akteure in Frage, die rationale Lösungen für praktische Probleme suchten. Deren Vorgehen bei der Bewältigung der Praxis charakterisiert Winfried Wehle in einem Kommentar zu Boccaccio unter Berufung auf Hans Blumenberg als »wissenschaftliches wissen Wollen von praktischer Notwendigkeit geweckt«, als einen Prozess der Neugierde für ein funktionstüchtiges Verfahren statt Produktion ewiger Wahrheiten.[5]

Wie und in welchen Zeiträumen frühe Keime eines solchen Vorgehens angewandter Wissenschaft bis zur theoretischen Blüte ausgetrieben haben, ist Gegenstand dieses Essays. Ich werde zeigen, dass die sie begleitenden gesellschaftlichen Umwälzungen, die die Neuzeit hervorgebracht haben, nicht durch Geistesblitze von theoretisierenden Klerikern gezündet wurden, sondern erst in einem langen Prozess der Ansammlung von Wissen und seiner rationalen Durchdringung in den als minderwertig angesehenen mechanischen Künsten ihre materielle Basis und Durchschlagskraft gefunden haben.

An den Portolankarten des Mittelmeerraums und seiner angrenzenden Seegebiete, die die Häfen für die Seefahrer verzeichneten, und den Weltkarten der Mönche sind die beiden grundverschiedenen Denkmuster direkt zu besichtigen. In den Seekarten wird der Raum vermessen, in den *Mappae Mundi* der Glaube ins Bild gesetzt. Die Seekarten sind nach Süden (Mittagssonne) oder nach Norden (Polarstern oder magnetischer Pol) ausgerichtet, die *Mappae Mundi* nach Osten mit Jerusalem im Zentrum (Abbildungen 1 und 2). Die Seekarten sind Annäherungen an die

Abbildung 1: Portolankarte des Mittelmeers und eines Teils des Schwarzen Meers. Ausschnitt. Ca. 1320 – 1350. 43 cm x 59 cm. Library of Congress Geography and Map Division Washington D. C. Catalogue Number 2003630429.

Abbildung 2: Mappa Mundi (Londoner Psalterkarte). Ca. 1260. 4 cm x 9,5 cm. Jerusalem im Zentrum, Jesus und Paradies oben (Osten), an den Rändern Monster. Eine beachtliche Detailgenauigkeit der Miniatur. British Library London BL: Additional Ms. 28681 fol-9r, Ausschnitt.

Wirklichkeit mit Hilfe von Kompassdaten und verblüffend genauen Entfernungsschätzungen. Sie wurden zur Navigation gebraucht. Die *Mappae Mundi* sind schematisierte Bilder des Glaubens an eine Erlösung in der Stadt des Herrn. Sie sollten für Kreuzzüge mobilisieren.

Nicht ganz so augenfällig ist diese Ausprägung der Interessen beim Gebrauch des Kopfes auch am Nutzen zu erkennen, der von der Mathematik erwartet wurde. Die Einführung der arabischen Ziffern im Händlermilieu Italiens und die theoretisch ausgearbeiteten Texte des Pisaner Kaufmanns Fibonacci (Leonardo da Pisa 1170 bis 1240), der mit einem fundierten Wissen der antiken und arabischen Mathematik auch Rechenbeispiele für Händler formulierte, machte die Mathematik zu einem Instrument der täglichen Praxis, statt mit Zahlenmystik der Bibel das Ende aller Zeiten zu berechnen oder philosophischer Zahlenmagie zu erliegen. Le Goff ernannte das 13. Jahrhundert nicht ohne Grund zu einem Jahrhundert des Zählens. Welcher scholastische Mathematiker könnte Fibonacci in der Theorie und in der Beherrschung von Rechenmethoden das Wasser reichen? Keiner. Oder zumindest einen praktischen Nutzen entfalten? Da blieben nur Jordanus Nemorarius mit seiner Arithmetik und Statik, von der noch die Rede sein wird, und der Mönch und Lehrer an der Pariser Universität, Johannes de Sacrobosco (1195 bis ca. 1256), dessen hundertfach kopierte Schriften und Drucke, vor allem *De Sphera* und *Algorismus vulgaris,* bis ins 17. Jahrhundert wesentlich zur Verbreitung des arabischen Ziffernsystems beigetragen haben, aber nur die einfachsten Rechenarten mit ganzen Zahlen und ohne Beispiele enthielten. Das rudimentäre mathematische Wissen wurde in der Artistenfakultät allerdings nicht zum praktischen Rechnen wie in den Rechenschulen, sondern vor allem zur Berechnung des Osterfestes genutzt.

Dinge so darstellen, wie sie sind (*Manifestare ea, que sunt, sicut sunt*), sagt Friedrich II. im Vorwort seines Falkenbuchs von 1248. Es klingt wie eine Kampfansage an die Scholastiker, die mit ihren Augen in Büchern, aber nicht in der Natur zu lesen verstehen. Verglichen mit den genauen Beobachtungen des Verhaltens von Vögeln im Falkenbuch bieten die weit überschätzten Einlassungen zu den Tieren des Dominikaners, Talmudverbrenners und Gründers der Kölner Universität Albertus Magnus (1200 bis 1280) ein dürftiges Bild. *De animalibus* (Über Tiere) wurde zur Ehre Gottes geschrieben, das Falkenbuch zur Falkenjagd. Friedrichs Hofmarschall Jordanus Rufus verkündet in seinem Buch über die Aufzucht von Pferden und die Behandlung ihrer Krankheiten, er habe nur das aufgenommen, was er selbst mit eigenem Scharfsinn praktiziert habe. Der italienische Arzt Gugliemo de Saliceto (Guilelmus Placentius, 1210 bis 1280) wettert aus einer vergleichbaren Grundhaltung heraus in seinen Schriften eigener klinischer Beobachtungen (*Summa conservationis*), gegen die ungebildeten Bader, die noch nicht einmal die Proportionen der Körper kennen würden und ohne steuernde Leitidee Wunden verpfuschen.

Er selbst muss auf Grund seiner anatomischen Kenntnisse des Bauchraums Sektionen vorgenommen haben. Autopsien (wörtlich »selbst gesehen«) werden die Medizin wieder zu einer Erfahrungswissenschaft machen, die sich auf exaktes Erfassen anatomischer Gegebenheiten stützt und sich allmählich von den Vorgaben antiker und arabischer Größen emanzipiert. Es sind die Ärzte, die das problematische Verhältnis von Theorie und Praxis als erste zu spüren bekommen. In der Methode des Lernens, in der Ausübung ihres Berufs haben sie die Spannung auszuhalten zwischen dem, was sie sehen und untersucht haben, und dem, was sie nach Meinung der Autoritäten Avicenna und Galen sehen müssten. Das später die Naturwissenschaften prägende Spannungsmoment wird zuerst in der Medizin etabliert und in der Folgezeit immer stärker hin zur Empirie verschoben. Der mutige Schnitt in den toten Leib erlaubte einen tiefen Einschnitt in vorgefasste Meinungen.

Nicht nur in der Falknerei, der Pferdezucht und der Medizin finden sich solche, auf eigene Anschauung gegründete Stellungnahmen, sondern auch in den Berichten Reisender wie Marco Polo und dem deutschen Dominikaner Burchardus de Monte Sion mit seiner Reise ins Heilige Land 1273, die streckenweise Reportagecharakter annehmen, höchst persönliche Urteile und Vorurteile artikulieren und sogar Interviews wiedergeben. Dasselbe kann man dem Politiker, Kaufmann und Chronisten von Florenz, Giovanni Villani (ca. 1280 bis 1348) mit seiner *Nuova Cronica* bescheinigen. Sein Buch übte Jahrhunderte lang eine ungeheure Wirkung aus, so dass selbst seine interessegeleiteten Lügen noch heute gerne kolportiert werden. Er verwandte zum ersten Mal statistisches Material als Stütze seiner Argumentation. Den stärksten Auftritt eines selbstbewussten Geistes hatte allerdings ein Benediktinermönch aus St. Albans/Hertfordshire. Mathew Paris (1200 bis 1259) verewigte sich selbst als liegende Figur in einer Chronik, und das noch frivol unter der Jungfrau mit Kind mit aufgerissenen Augen und frechem Gesicht. Seine *Chronica magna* beschreibt vor allem für die Jahre 1235 bis 1259 Englands Geschichte aus eigener Anschauung und aus ganz persönlicher Sicht, einschließlich seiner ausgeprägten klerikalen Vorurteile, mit selbst gezeichneten Illustrationen und verschiedenen, auch regionalen Karten, darunter die erste Karte von London.

In diesem Umfeld gesteigerter Sensibilität für das Erfassen und Wiedergeben der Realität nimmt es nicht Wunder, dass sich auch die abendländische Malerei von starrer kirchlicher Symbolik und Hierarchie emanzipierte, die die orthodoxe Malerei bis heute bewahrt hat. Seit Giotto (1266 bis 1337) und anderen werden aus immer gleichen statuarischen Figuren auf Goldgrund nun bewegliche Körper im Raum, die eine Geschichte erzählen, gesteuert von einem neugierig forschenden Malen, das die Realität als Illusion fixiert. Der Raum wird zwar noch nicht vermessen, der Betrachter noch nicht durch den festen Standpunkt einer Zentralperspektive beschränkt, aber der Raum ist schon Bestandteil einer Szenerie, die aus dem erfahrbaren Leben stammt. Immer noch eine Malerei für Kirchen, scheint es doch so, dass der Auftrag zur öffentlichen Präsentation der neuen Sehweise weniger von Kirchenleuten als von bürgerlichen Mäzenen mit schlechtem Gewissen ausgegangen ist.

In den genannten Beispielen ist ein großes Bedürfnis nach einem unverstellten Zugang zur Realität und der Bewältigung praktischer Probleme zu spüren. Versuche, genau zu messen, genau zu rechnen und genau zu beobachten, wirkten da als Katalysator im Auflösungsprozess des Mittelalters, wo sie wie in der Handelsschifffahrt die Umschlagszeit des eingesetzten Kapitals beschleunigten und seine Akkumulation in den Städten förderte oder wo wie in den mechanischen Künsten ein spekulatives, von Vernunft gesteuertem Handeln abgelöst wurde. Angewandte Wissenschaft würden wir sie heute nennen. Sie entwickelten mit der Zeit die Kräfte, die zu Kennzeichen moderner Wissenschaft geworden sind: die enge Verzahnung von Theorie und Praxis, von Theorie und Experiment, von Technologie und Wissenschaft. Bei den hier vorgestellten Navigatoren, Ärzten, Rechenmeistern, Naturbeobachtern und Künstlern handelt es sich um Vorläufer dieser neuen Wissenschaft. Sie sind nicht wie einige ihrer theologischen Zeitgenossen nur ein Sandkorn im scholastischen Getriebe, das seinen Gang nicht verändern konnte, sondern Elemente eines neuen Motors, der allmählich Fahrt aufnimmt.

Navigation im Mittelmeer – Kompass und Portolankarten

Die Windverhältnisse im Mittelmeer sind tückisch und schwer vorhersehbar. Galeeren und Segelschiffe blieben ihnen Jahrhunderte lang ausgeliefert, und Fahrten übers offene Meer waren ein risikoreiches Unterfangen mit häufig verfehlten Zielen. Fernand Braudel beschreibt in *Das Mittelmeer und die mediterrane Welt in der Epoche Philipps II.* eine Reise des Botschafters Cesare Giustiniano an Bord einer Galeere der Republik Genua 1597, die ihn nach Spanien hätte führen sollen. Der Mistral überraschte ihn in der Nähe von Marseille und trieb ihn in nur vier Tagen an die nordafrikanische Küste zwischen Djidjelli und Collo im heutigen Algerien. Bei Südwind versuchte er nach Norden zu kommen, wurde wieder vom Mistral erfasst und nun nach Tabarka im heutigen Tunesien zurück an die Küste getrieben. Da Galeeren »zu flach auf dem Wasser liegen, können sie der hohen See und den Stürmen nicht standhalten«.[6] Die Winde sind auch die Erklärung dafür, dass große Unternehmungen sowohl von Genua als auch von Venedig nur von Anfang Mai bis 26. Oktober erlaubt waren. Kriege im Winter waren nicht nur an Land, sondern auch zur See unmöglich.

Der Mistral konnte ganze Flotten zerstreuen und ihr kriegerisches Handwerk vereiteln, so geschehen am 19. April 1569, als das Galeerengeschwader des Großkommandeurs von Kastillien, Don Luis Requesens, auf dem Weg von Civitavecchia nördlich von Rom über Genua wiederum bei Marseille vom Mistral erfasst, an verschiedene weit auseinanderliegende Punkte der Westküste Sardiniens getrieben wurde, während einzelne Schiffe in Agrigent auf Sizilien bzw. auf der kleinen Insel Pantelleria zwischen Tunesien und Sizilien strandeten und nur eines den Weg gegen den Wind zurück nach Aigues Mortes in der Provence schaffte. Don Luis wollte einen Morsikenaufstand in Cartagena niederschlagen und gegen die dortigen Barbaresken vorgehen. Auch Don Luis war entlang der Küste gefahren, denn der kürzeste Weg hätte zwischen Korsika und Sardinien hindurch und an den Balearen vorbeigeführt. Von ähnlichen Schwierigkeiten mit scharfen Winden berichtet Braudel auch aus der offenen Bucht bei Malaga, wo im Winter gefährliche Ostwinde im Verbund mit der durch die Straße von Gibraltar hereinbrechenden starken gegenläufigen Meeresströmung ganze Flotten versenkt haben. Der vor allem im Frühjahr und Herbst auftretende Sandsturm Scirocco aus der Sahara machte das südliche Mittelmeer zu einer gefährlichen Region. Bei den vorherrschenden Nordwinden wurde sie zu einer »Lee-Küste« mit der Gefahr, im dort häufig anzutreffenden Flachwasser mit verborgenen Riffs und Sandbänken zu stranden, die vor allem vor Tunesien lauerten. Zwischen Damiette, Ausgangspunkt für den einzigen schiffbaren Arm des Nils und deshalb bevorzugtes Ziel der Kreuzfahrer zur Eroberung Ägyptens, und Alexandria ist die Küste extrem flach und fällt auf eine Meile Küstenabstand weniger als 2 m ab. An den Nordküsten bestand diese Gefahr kaum: Dort fallen die Küsten schneller ab, zwischen Genua und Marseille stürzen sie regelrecht ins Meer.

Die Kapitäne wussten, warum sie im Allgemeinen in Küstennähe navigierten. Das galt vor allem für die Wasserversorgung einer Galeere: Sie konnte 500 Fässer mit 25 000 Liter laden, den Sechs-Tage Vorrat für die Besatzung.[7] Für küstennahe Navigation sprach auch die Meeresströmung. Der Atlantik durchbricht mit einer Geschwindigkeit von sechs Knoten die Straße von Gibraltar und gleicht so die Verdunstungsverluste des Mittelmeers aus. Im Mittelmeerbecken resultiert eine Strömung entgegen dem Uhrzeigersinn entlang der Küsten, deren Geschwindigkeit je nach örtlichen Gegebenheiten zwischen einem und sechs Knoten schwankt.[8] An den nördlichen Küsten werden von ihr Fahrten von Ost nach West und von Süd nach Nord unterstützt, an der nordafrikanischen von West nach Ost. Wenn die Kapitäne dann noch die morgendlichen See- und abendliche Landwinde an den Küsten auszunutzen verstanden, gab es es kaum einen Grund, sich aufs offene Meer zu wagen.

Die vorherrschenden Winde aus nördlichen Richtungen beschleunigten Fahrten Richtung Süden und Osten. Für die Genuesen waren die Balearen, Sardinien, Sizilien und der Maghreb gut zu erreichen. Auf der Rückfahrt vom Schwarzen Meer durch die Dardanellen gab es bis Kreta, Rhodos oder Zypern kaum Probleme, dann aber führten eben diese besonders in den Sommermonaten stetigen Winde zu oft wochenlangen Unterbrechungen der Fahrt nach Nordwest. Das machte schon für die Römer die Rückfahrt aus Ägypten unmöglich. Selbst wenn einmal die vorherrschende Windrichtung durch den Scirocco gebrochen wurde, gab es wegen der gewaltigen Sturmböen aus dem Süden kaum eine Möglichkeit, die Fahrt fortzusetzen.

Fahrten übers offene Meer wurden erst mit den großen Rundschiffen des 13. Jahrhunderts häufiger, mit den Nef, Navis oder Nao, den bis zu 200 Tonnen großen, meist zweimastigen Segelschiffen, die je nach Größe auf zwei bis drei Decks 375 bis 1000 Passagiere befördern konnten, aber hauptsächlich für den Getreidetransport, die Pferde der Ritter bei den Kreuzzügen und andere großvolumige Transporte eingesetzt wurden.[9] Sie konnten bei nicht zu starkem Wind mit bis zu drei riesigen Lateinersegeln, wenn auch unter hohem Personaleinsatz, gegen den Wind kreuzen. Nahm der Wind zu, wurden sie mit ihrer hohen Bordkante eher seit- als vorwärts getrieben. Die zu ihrem Geleitschutz fahrenden Galeeren konnten nun mitversorgt werden, sie wurden unabhängiger von den Küsten, obwohl ihre Hochseefähigkeit bei ihrer Länge bis ca. 36 m und einem Tiefgang von nur 1,10 m bis 1,50 m zu wünschen übrig ließ, der sie zwar schnell machte, aber bei widrigen Wetterverhältnissen kentern ließ und ein Setzen ihrer Hilfssegel nur bei schwachen und stetigen Winden erlaubte. Etwas hochseetauglicher waren die großen Handelsgaleeren, die von Genuesen und Venezianern seit dem 14. Jahrhundert gebaut wurden und bei Nordfahrten die gefährliche Biskaya passieren konnten.

Der Vorteil der Galeeren lag in ihrer Unabhängigkeit von Flauten, der Fähigkeit, auch gegen den Wind Kurs zu halten, und in ihrer großen Manövrierfähigkeit. Mit ihnen wurden Schlachten geschlagen. Den Rundschiffen mit Seitenrudern und den später gebräuchlichen kleineren Koggen mit Heckruder musste nur die Takelage des Lateiner- bzw. Rahsegels durchschnitten werden, um sie zu einem bewegungslosen Monster mit wertvoller Ladung zu machen. Das ist sicher der wichtigste Grund, warum Venedig und Genua Geleitschutz mit Galeeren fuhren. Kriegerische Auseinandersetzungen wie die Genuas um Sizilien und die Levante führten dazu, dass immer häufiger auch der Weg über die offene See gewählt wurde. Sie steuerten westlich von Sizilien nach Süden und dann über Malta direkt nach Alexandria, ohne die üblichen Zwischenstationen Kreta und Zypern zu Gesicht zu bekommen.[10] Die Lage der Windrosen auf den Karten könnte mit solchen Routen übers offene Meer zu tun haben.

Im 16. Jahrhundert dauerte eine Schiffsreise von Venedig ins Heilige Land im Schnitt auf der Hinfahrt 43 Tage, auf der Rückfahrt gegen die vorherrschenden Winde 93 Tage.[11] Damit waren die Sommermonate mit einer einzigen Fahrt ausgefüllt. Friedrich II. war unter den besonderen Bedingungen des Kreuzzugs von 1228 vom 28. Juni bis 7. September von Brindisi nach Akkon unterwegs, mit rund 40 Galeeren und zahlreichen Pferdetransportern mit speziellen Ladeklappen am Bug und Boxen. Auch sie segelten die Küsten entlang, mussten sich immer wieder sammeln, Proviant aufnehmen und die Pferde bewegen. Die Rückfahrt gelang ihm unter dem Druck, eingefallene päpstliche Truppen aus Sizilien herauswerfen zu müssen, innerhalb von sechs Wochen, vom 1. Mai bis zur Landung in Brindisi am 10. Juni 1229.[12]

In Küstennähe konnten sich erfahrene Kapitäne gut orientieren. Landmarken und Seezeichen (im Wasser schwimmende Tonnen und Körbe,

Leuchttürme), die Farbe des Wassers, die Art der Fische und das Verhalten der Vögel, die Messung der Wassertiefe mit dem Bleilot erlaubten es ihnen, ihre Position richtig einzuschätzen und Untiefen zu vermeiden. Seit der Antike halfen im westlichen Mittelmeer die *Periplus*, geschriebene Segelanweisungen mit groben Entfernungsangaben und gelegentlichen Windrichtungsvermerken, die die Erfahrungen unzähliger Fahrten festhielten. Auch der mittelalterliche *Portolan* als Nachfolger des *Periplus* ist eine Segelanweisung für den Küstenbereich, ein Hafenbuch wie der Name sagt. Nur wenige Fragmente sind erhalten. Sie geben Richtungen als Kompassdaten und Entfernungen realtiv genau in Meilen an. Sie wurden anscheinend immer wieder umgeschrieben, vielleicht von verschiedenen Seeleuten benutzt und ergänzt. Konrad Kretschmer, der die Texte der ihm bekannten *Portolane* bereits 1909 veröffentlichte, ist sich sicher, dass sie als Vorlage für die Portolankarten gedient haben. Er schließt das aus einer verwirrenden Verwendung der italienisch-römischen Meile für das Mittelmeer und einem Viertel der spanischen Legua für den Atlantik in den *Portolanen*, die in der Kartendarstellung zum Missverhältnis der Küstenlängen von Mittelmeer und Atlantik geführt hätten. Es sind leider sehr viel weniger *Portolane* als Portolankarten erhalten, so dass die Beziehungen zwischen beiden nicht eindeutig zu klären sind.[13]

Und so stellt sich die Frage, warum im Verlauf des 13. Jahrhunderts die geschriebenen Segelanweisungen nicht mehr als ausreichend empfunden wurden und fast wie aus dem Nichts verblüffend exakte, auf Pergament gezeichnete Portolankarten in Gebrauch kamen.[14] Die häufig genannte Erklärung einer Aufnahme der Fahrten übers offene Meer reicht nicht, denn die Portolankarten bieten vor allem die Lage von Häfen und Buchten und zeichnen die Küstenlinie nach. Man sollte sich von dem Liniensystem der Rumben, die von 16-teiligen Windrosen ausgehen und ein Netz bilden, nicht täuschen lassen: Auf seiner Grundlage sind die Karten nicht gezeichnet worden, wie Schichtuntersuchungen beweisen[15] (Abbildung 3). Das Netz wurde erst nach fertig gestellter Zeichnung eingefügt und erweckt die Illusion einer Wölbung der Erdkugel, wenn man auf das Zentrum des Liniennetzes blickt. Längen- und Breitengrade gibt es nicht. Die Zeichnung wurde wahrscheinlich mit Hilfe eines feinen Rasters von einer Vorlage übertragen. Mit dem Kompass und den Rumben der Windrosen wurde navigiert. Die Bestimmung des Breitengrades, etwa mit Hilfe eines Astrolabs, gehörte sicher nicht zum üblichen Werkzeug. Und die Bestimmung des Längengrades wäre an eine sehr exakte Uhr gebunden gewesen, die die Ortszeit des Heimathafens aufs Schiff mitgenommen hätte. Sie lag noch in weiter Zukunft.

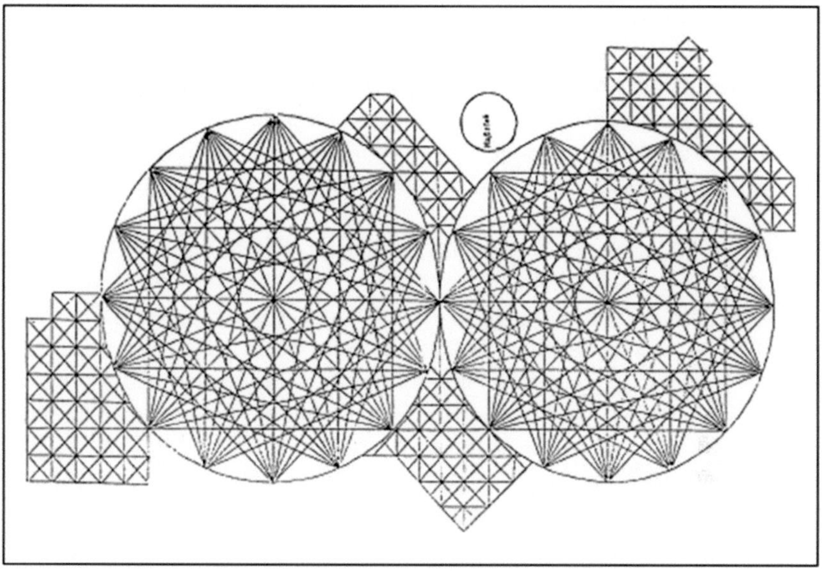

Abbildung 3: Liniensystem der Carte Pisane, der ältesten erhaltenen Portolankarte. Ende 13. Jahrhundert. Das Zentrum der westlichen Windrose liegt etwas westlich von Sardinien, das der östlichen in der Ägäis in der Nähe des Bosporus. Ihre Rumben schneiden sich südlich des italienischen Stiefels. Helmut Minow, Portolankarten (I). Geschichte der mittelalterlichen Seekarten. Géomatique Suisse 6/2004, S. 375.

Der kleine und leichte Astrolab mit seiner Projektion des Himmelsgewölbes auf drehbare Scheiben war auf See ganz ungeeignet. Seine Genauigkeit ließ schon an Land mit einer mittleren Abweichung von 18 km vom korrekten Wert zu wünschen übrig, von einem schwankenden Schiff aus ganz zu schweigen. Seine winzige Visiereinrichtung, mit der die Sonne oder der Polarstern fixiert werden konnten, und sein geringes Gewicht bei geschlossener kreisförmiger Platte, die bereits ein schwaches Lüftchen aus der Senkrechten blies, verhinderten verwertbare Ergebnisse. Mit ihm konnte man bestenfalls die Ortszeit im Hafen bestimmen, mehr nicht. Schwere Seeastrolabien mit Speichen, die den Wind durchließen und ein ruhigeres Anvisieren ermöglichten, gab es erst viel später. Auch der vielleicht schon bekannte hölzerne Jakobsstab zur Bestimmung des Breitengrades war auf dem Schiff aus ähnlichen schwankenden Gründen von geringem Wert. Sterntafeln mit Breitenangaben der Sternpositionen kamen erst in Gebrauch, als auf den Karten Breitengrade eingezeichnet waren – mit der Mercatorprojektion des 16. Jahrhunderts. Die Navigation erfolgte also mit dem Kompass und mit einer Schätzung der zurückgelegten Strecke. Nur in Verbindung mit den Karten ergaben diese Werte eine ungefähre Positionsbestimmung, aus der Richtungskorrekturen abgeleitet werden konnten. Es muss der Kompass gewesen sein, der den Wunsch nach Karten weckte. Der Kompass war, als die ersten Portolankarten gezeichnet wurden, den Seeleuten ein seit langem vertrautes Werkzeug.

Wie lange genau, ist schwer auszumachen. Wie bei vielen Gerätschaften, die aus der alltäglichen Praxis herauswuchsen, lässt sich auch beim Kompass keine Person eindeutig identifizieren, obwohl es meist aus nationaler Geltungssucht immer wieder versucht worden ist. Der von Roger Bacon in seinem *Opus tertium* erwähnte Petrus Peregrinus von Maricourt in der Picardie ist auf keinen Fall als Erfinder des Kompass anzusehen. Peregrinus hatte während der Belagerung von Lucera in Apulien 1269 als Verantwortlicher für die Tunnel und Maschinen zur Erstürmung der Stadt durch die Truppen Karl von Anjous wohl zum Zeitvertreib beim Versuch, die Sternkarte des Archimedes mit Magnetantrieb in einen gleichförmigen Umlauf zu versetzen und ein *Perpetuum mobile* zu konstruieren, nach einigen Experimenten Eigenschaften der Magnetnadel entdeckt und sie in einem Brief an seinen Freund, den Ritter Sigerus de Foucaucourt, beschrieben. Dieser Brief wurde erst von William Gilbert wieder gefunden und 1600 in seinem berühmten Buch über den Magneten erwähnt.[16]

Julius von Klaproth[17] kommt in einem veröffentlichten Brief an Alexander von Humboldt zum Ergebnis, dass es die Araber waren, die als erste im Mittelmeer die Magnetnadel zur Navigation benutzten. Er ist sich sicher, dass Bailak aus Kibjak (Baylak-al-Kibjaki) 1242 als erster die Polarität in seinem Werk *Trésor des Marchands pour la Connaissance de Pierres* (Schatzkammer der Händler zum Erkennen der Steine) erwähnte. Dort schreibt Bailak, syrische Schiffer hätten auf seiner Reise von Tripolis nach Alexandria eine Kompassnadel benutzt, die stark an die von Maricourt erinnert (dessen Traktat ist von 1269). Die Indienfahrer hätten sogar herausgefunden, dass ein magnetisiertes Eisenstück auf dem Wasser schwimmt, wenn das Gefäß groß genug ist. Die Chinesen hätten den Kompass schon ca. 80 Jahre vorher gekannt.

Eine europäische Erfindung ist also äußerst unwahrscheinlich, auch wenn sich Amalfi damit brüstet. Dort steht das Denkmal abendländischer Überheblichkeit eines gewissen Flavio Gioia, der den Kompass 1300 erfunden haben soll. Tatsächlich gab es einen solchen Menschen gar nicht. Gioia del Colle ist nur ein Ort in Apulien bei Bari und war eine wichtige Station auf dem Weg nach Neapel, die Kaiser Friedrich II. mit einer Burg sichern ließ.

Viel frühere abendländische Quellen lassen den Kompass noch älter werden. In einer Satire von 1181 mit dem Titel *La Bible* hatte der Dichter Hugue de Bercy (auch Guyot de Provins bzw. Hugo Bertius) dem Papst vorgeworfen, für die Christenheit nicht das zu sein, was der Kompass für die Seeleute sei, und von einer Nadel gesprochen, die man »anzünde«, wenn der Himmel bedeckt ist, indem man sie mit einem Magneten berühre, und die sich nach dem Polarstern ausrichte:[18]

Les mariniers qui si navoient (= ainsi naviguent.)
Par cele estoile vont et viennent (…)
Ils l'appellent la Tresmontaigne (= étoile du nord ou polaire) (…)
Par vertu de l'amanière (= aimant),
Une pierre laide et brunière
Où li fer volontiers se joint (…)
Puis qu'une aguile l'ait touchié
Et en un festu l'ont fichié
En l'esve (= eau) la mettent (…)
Et li festu la tient desus
Puis se torne la pointe toute
Contre l'estoile (…)
Tex devrait estre notre père…

Die Seeleute, die so navigieren
mit diesem Wandelstern (…)
Sie nennen ihn den Polarstern (…)
Mit der Eigenschaft des Magneten
ein hässlicher und bräunlicher Stein
zu dem sich freiwillig ein Eisen gesellt (…)
Dann berührt ihn eine Nadel
Und an ihn befestigt man eine Klammer
In das Wasser legt man sie
Und die Klammer hält ihn darauf
Dann dreht sich die Spitze
Genau gegen den Stern (…)
Der Gegenstand wird unser Vater sein…
(Übersetzung H. V.)

Guyot war Mönch in Clervaux und in Cluny gewesen, weit herumgekommen und hatte sich eine zeitlang am Hof Kaiser Friedrichs in Mainz aufgehalten. Etwa zur gleichen Zeit erwähnte der englische Kanoniker Alexander Neckham in *De naturis rerum* (Über die Natur der Dinge) und in *De untensilibus* (Über Gebrauchsgegenstände) den Kompass wie eine Selbstverständlichkeit für Navigatoren, ebenso wie der Kreuzfahrer und spätere Kardinal Jacques de Vitry 1218 in seiner Geschichte Jerusalems.[19] Und der isländische Probst Arc Frode (1067 bis 1148) legte in seinem *Landnamabok* nahe, dass die Magnetnadel (*Leiderstein*) im Mittelmeer wahrscheinlich schon um die Jahrtausendwende gebräuchlich war.[20] Es gilt heute als wahrscheinlich, dass ihn die Chinesen schon seit dem 9. Jahrhundert zur Navigation benutzt haben.

Das beweist nur Eines: Der Kompass war schon lange allgemein in Gebrauch, bevor die ersten Karten des Mittelmeers mit ihrer erstaunlichen Präzision gezeichnet wurden. Sie basierten somit auf einer Jahrhunderte langen Praxis der Navigation mit dem Kompass, und es mussten inzwischen genügend Daten zusammengetragen worden sein, um sie graphisch umsetzen zu können. Für Raimundus Lullus schien der Gebrauch von Karten bereits 1286 eine Selbstverständlichkeit gewesen zu sein, als er in *Fenix de las Maravillas del orbe* schrieb, die Seefahrer hätten sich »der Messinstrumente, der Seekarten und der Magnetnadel« bedient, das heißt ca. zehn Jahre vor der uns bisher bekannten frühesten Portolankarte, der *Carte Pisane*[21] (Abbildung 4). Sarton ist der Meinung, dass der Gebrauch der Seekarten so allgemein üblich war, dass es keinen Sinn mache, nach einem einzigen Erfinder zu suchen.[22] Marco Polo spricht von ihnen sogar in Bezug auf den indischen Ozean. Der Il-Kkan von Persien, Arghun hatte 1289 einen politischen Agenten, den Genuesen Buscarello de'Ghizolfi, zu Philipp den Schönen geschickt. Sein mongolischer Begleiter Qutb al-din al-Shirazi konnte ihm auf der Reise auf einer Karte zeigen, wo sie sich befanden.

Der Kompass muss sich bei den Seefahrern wie ein Lauffeuer herumgesprochen haben. Seine Vorteile waren überwältigend. Nachts war bei klarem Himmel mit dem Polarstern noch relativ leicht ein stabiler Kurs

Abbildung 4: Carte Pisane. 50,2 cm x 104,5 cm. Die Namensgebung erfolgte nach dem Fundort. Die Karte wurde im 19. Jahrhundert von einer alten Pisaner Familie gekauft und befindet sich heute in der Französischen Nationalbibliothek. Wahrscheinlicher Ursprung Genua. Federzeichnung auf einer zu Pergament verarbeiteten Tierhaut, wie alle bekannten frühen Portolankarten. Die Namen der Häfen sind, wie auch in allen späteren Portolankarten, senkrecht zur Küstenlinie geschrieben, wichtige Häfen rot hervorgehoben. Paris, Bibliotheque Nationale de France (BNF). Dep. des Cartes et Plans, Res. Ge. B1118.

zu halten und mit dem ihn umkreisenden Polstern 32 die Uhrzeit festzustellen, aber tags war das selbst bei klarer Sicht nur schwer möglich. Im Gegensatz zum Polarstern wandert die Sonne. Um den Kurs zu bestimmen, musste ihre Höhe über dem Horizont bekannt sein. Dafür standen im Mittelalter keine wirklich überzeugenden Hilfsmittel zur Verfügung, und mancher Kapitän wird bei Visierversuchen über den Daumen oder mit dem kaum tauglichen Astrolab sein Augenlicht riskiert haben. Bei bedecktem Himmel war tags wie nachts kein Kurs zu halten. Sobald sich die Gewohnheit, mit dem Kompass zu fahren, durchgesetzt hatte, entstanden neue Bedürfnisse nach Genauigkeit, vor allem wenn durch starke Winde die ursprüngliche Richtung verloren gegangen war und eine Kurskorrektur erforderlich wurde. Eine Positionsbestimmung war nötig, um die Fahrt fortzusetzen. Wie wurde sie gemacht?

Die Kursabweichung war am Kompass abzulesen, ihre Dauer noch ohne Sanduhr nur mit einer Schätzung auf Grund astronomischer Kenntnisse von Stern- und Mondauf- und -untergängen und dem Lauf der Sonne möglich. Es war Erfahrungswissen. Auch die Schätzung der zurückgelegten Distanz beruhte auf Erfahrung. In sie gingen Beobachtungen der Stärke der Meeresströmung, der Winde und die Geschwindigkeit des Schiffes ein. Ihre Bestimmung war grob. Zur Geschwindigkeitsmessung warf man einen Gegenstand über Bord, betete ein Miserere und beobachtete, wie weit das Schiff am Gegenstand vorbeigefahren war.[23]

Das *Misere mei, Deus* aus Psalm 51 lautet: »Gott, sei mir gnädig nach deiner Huld, tilge meine Frevel nach deinem reichen Erbarmen. Wasche meine Schuld von mir ab und mach mich rein von meiner Sünde«.

Mit den groben Schätzungen der Kursabweichung und der zurückgelegten Distanz hatte der Kapitän eine ungefähre Position in der Weite des Meeres, aber keinen Anhaltspunkt, in welcher Richtung das ursprüngliche Ziel sich nun befand. Da kamen die Karten, Zirkel und Lineal ins Spiel. Der Zirkelbogen beschrieb auf der Karte die geschätzte Entfernung, der Kompass die leidlich genaue Richtung. Der Kartenstandort gab die neue Richtung vor. Das war so einfach wie genial, verlangte von den Karten ein hohes Maß an Genauigkeit und erweckte den Wunsch nach weiterer Präzision: bei der Zeitmessung, der Messung der Geschwindigkeit des Schiffes und der Entfernungen.

Für die Seefahrt dieser Zeit ist nur die Sanduhr von Interesse, die schwerfällige Räderuhr war nicht portabel. Die Sanduhr muss schon in der ersten Hälfte des 14. Jahrhunderts weit verbreitet gewesen sein. Ernst Jünger berichtet von einer in der flandrischen Hafenstadt Sluis aufgefundenen Quittung aus dem Jahr 1345, die dem Kapitän der *George* den Kauf von zwölf Sanduhren bestätigte.[24] Vier Stunden-Glasen signalisierte die Wachablösung. Damit war ein verlässliches und von meteorologischen Unbilden unabhängiges Stundenmaß an Bord.

Die erste Beschreibung der nautischen Verwendung einer Sanduhr hat vermutlich der Notar und Poet Francesco da Barberino (1264 bis 1348) in Documenti d'Amore 1313 geliefert. Er nannte sie Arlogio und nicht mit ihrer heutigen italienischen Bezeichnung Clessidra. (S. 258 in der ersten kritischen Ausgabe von 1641) Das neunte Dokument trägt den Titel *De'pericolo di mare & insegnati come si ponno in parte schifare* (Über die Gefahr des Meeres und Anleitung, wie man ihr teilweise entkommen kann). Anschaulicher kann man den Nutzen der Sanduhr für ein genaueres Navigieren kaum beschreiben:

... L'Arlogio non lassare Et in somma il veghiare
E molto utile cosa:
Perche passar non osa
Un'ora che non saccia,
Quanto andar s'avaccia.
Qual vento più traporta,
Quando va meno accorta
E quanto fossi presso
A porto, o scoglio adesso

Lasse die Uhr nicht zurück
Auf der ganzen Reise
ist sie ein sehr nützliches Ding
Weil man keine Stunde vorrübergehen
lassen will, die man nicht kennt
Wieviel umsonst gefahren wurde
Welcher Wind weiter getragen hat
und welcher weniger
und wieviel ungefähr zurückgelegt wurde
zum Hafen oder an der Klippe vorbei ...

Zwei Zeilen darüber ein klarer Hinweis auf den Kartengebrauch mit Hilfe des Kompass. *Compasso* war zur Zeit Barberinos nicht wie heute »der Zirkel«:[25]

Et al compasso stieno
Color che dotti en sieno

Und auf der Karte befindet sich Farbe,
die etwas bedeutet
(Übersetzung H. V.)

Die »Farbe, die etwas bedeutet«, war vor allem rot, mit der die wichtigen Häfen hervorgehoben wurden. Lässt man sich von der Beschreibung Barberinos leiten, dann war die Sanduhr nicht nur ein Instrument, das die Wachablösung auf den Schiffen regelte, sondern das grundlegende Instrument für eine Abschätzung zurückgelegter Entfernungen und, in Abgleichung mit dem Kartenbild, ein wichtiges Hilfsmittel zur Positionsbestimmung. Der Poet hatte die Gebrauchsanleitung in seine Sorge um sicheres Geleit für die Angebetene verpackt und dabei noch die Küstenschifffahrt im Blick.

Beim ältesten erhaltenen *Portolan* (Segelhandbuch) des Mittelmeers, dem *Compasso da navegare,* der wohl in den letzten Jahren des 13. Jahrhunderts entstand, werden Distanzen auch für Fahrten über das offene Meer in italienischen Meilen (1,4 km) und die Richtungen nach der Windrose angegeben.[26] Wie wurden solche Distanzen gemessen?

An Land ist das Problem relativ leicht zu lösen. Die Bematisten (Schrittzähler) Alexanders des Großen maßen die Entfernungen auf seinen Feldzügen nach Asien, wie von Plinius und Strabo berichtet wird. Bei einer Entfernung von rund 1600 Meilen war die durchschnittliche Abweichung vom wirklichen Wert weniger als 2 Pozent. Die Römer arbeiteten bereits mit einem *Hodometer*, einem Messwagen, dessen Zahnräder die schnelle Radumdrehung über mehrere Stufen auf eine kreisförmige Platte mit Eichung übertrug. Ein Nachbau befindet sich im Pergamonmuseum in Berlin.

Heron von Alexandria beschrieb in *Über die Dioptra* (Instrument zur Vermessung der Erdoberfläche) im 1. Jahrhundert nach Chr. einen nautischen *Hodometer.* Er bestand aus einem Kasten mit Zahnrädern und Schneckenwelle, die die Umdrehung des in Wasser getauchten Schaufelrades auf eine geeichte Scheibe übertrug. Ich habe keinerlei Hinweise, dass der *Hodometer* auf Schiffen des Mittelalters im Einsatz war. Ein schwacher Ersatz war das Zählen der Ruderschläge der Galeeren, deren Vortrieb bekannt war. Sowohl für die Ruderschläge als auch für die Umdrehungen des Schaufelrades gilt, dass die Meeresströmung das Ergebnis erheblich verfälschen konnte.

Ich kann mir daher nur einen Analogieschluss denken, der brauchbare Näherungswerte ergab: Die an Land gemessenen Entfernungen wurden nach wiederholten, zur Küste parallel verlaufenden Fahrten mit deren durchschnittlichen Fahrtzeiten verknüpft und diese Werte zur Grundlage der Distanzangaben für das offene Meer genommen. Dazu war eine relativ genaue Zeitmessung nötig, die mit dem Stundenglas der Sanduhr und dem Wachwechsel in festgelegten Abständen Alltagspraxis auf den Schiffen geworden war. Nun wusste der Kapitän, dass er bei einer Geschwindigkeit von 4 Meilen in der Stunde in 10 Stunden 40 Meilen zurückgelegt hatte. Diese vier Stundenmeilen allerdings kamen aus dem Bauch eines erfahrenen Kapitäns, der Bugwellen, Strömungen, Wind und selbst Schiffsgeräusche abschätzte. Logscheit und Knotenseil erlaubten erst im 17. Jahrhundert quantitative Messungen der Relativgeschwindigkeit. Die Genauigkeit der Portolankarten konnte also nur durch die kollektiven Erfahrungen vieler Generationen von Seefahrern erreicht worden sein, die bereits den Kompass benutzten. Die wenigen erhaltenen Segelhandbücher (*Portolane*) zeigen, wie weit Entfernungsschätzungen auseinanderliegen konnten. Das lag auch daran, welchem Kurs entlang der Küste der Vorzug gegeben wurde. Die Einen fuhren einen weiten Bogen um vorspringende Caps, die Anderen lavierten durch die vorgelagerten Sandbänke. Bei Fahrten auf dem Atlantik spielten die Gezeiten eine große Rolle, die das Ein- und Auslaufen in den Häfen bestimmte und eine ständige Änderung der Strömungsverhältnisse verursachten. Da Distanzangaben nur über die Zeiten vermittelt wurden, in der sie zurückgelegt werden konnten, nimmt es nicht Wunder, dass es in diesen von Mittelmeerschiffen noch wenig befahrenen Gewässern lange dauerte, bis die graphische Genauigkeit der Küstenlinie im Mittelmeer auch für die Atlantikküsten, die Nord- und Ostsee und die britischen Inseln erreicht war.

Um herauszufinden, wie genau die Portolankarten waren, habe ich mir eine des Angelino Dulcert von 1339 vorgenommen und mit heutigen Karten verglichen (Abbildung 5, S. 29). Da das Hauptproblem war, Entfernungen richtig abzubilden, wollte ich wissen, ob die alten Karten dafür ein verlässliches Hilfsmittel sein konnten. Mit dem Zirkel schnitt der von Genua aus geschlagene Kreisbogen Neapel und Cagliari in Sardinien. Die Luftlinie nach Neapel beträgt 588, nach Cagliari 577 km, d.h., die Entfernung nach Cagliari war um 11 km oder knapp 2 Prozent zu kurz gezeichnet. Ein weiter Bogen von Genua aus schnitt Gibraltar und Konstantinopel. Die Luftlinie nach Istanbul beträgt 1676 km, nach Gibraltar 1517 km. Hier betrug der Fehler schon 159 km oder annähernd 10 Prozent. Mit steigender Entfernung wurden die Fehler schnell größer. Die Krümmung der Erdoberfläche, deren Projektion die Zeichner der Portolankarten noch nicht übertragen konnten, spielt dabei kaum eine Rolle. Für die Entfernung nach Konstantinopel von 1676 km, gemessen als geradlinige Sehne, ergibt der zugehörige Kreisbogen 1681 km, nur 5 km mehr, ein Fehler von nur 0,003 Prozent. Die entscheidenden Fehlerquellen waren vielmehr die aus vielen Einzelangaben zusammengesetzten Entfernungsschätzungen, die sich auf größere Entfernungen mit kompliziertem Streckenverlauf, wechselnden Strömungsverhältnissen und Windrichtungen zu erheblichen Abweichungen aufsummierten, und die größeren Unsicherheiten in der Schätzung bei Fahrten übers offene Meer. In der Praxis spielte die Gesamtentfernung im Mittelmeer wahrscheinlich keine wesentliche Rolle. Für die Navigation waren die kurzen Strecken maßgebend, die von einem Hafen zum anderen führten und in wenigen Tagesreisen absolviert werden konnten.

Mit den Portolankarten war zum ersten Mal eine systematische Übertragung von Distanzen und Richtungen in ein Bild umgesetzt worden, das durch ständige Verbesserungen immer praxistauglicher wurde. Dass Exaktheit angestrebt wurde, zeigen die vielfach in die Karten oder an deren Rand eingefügten Maßstäbe. Einige sollten das Ablesen der Entfernung direkt an neuralgischen Küsten wie der nördlichen Adria ermöglichen. Die Kapitäne hatten nicht mehr in Tagesreisen, sondern in italienischen oder spanischen Meilen zu denken und handeln begonnen. So weit war die scholastische Wissenschaft nicht. Sie diskutierte Zeit und Distanz als selbständige Kategorien.

Auf allen Portolankarten liegen die Kompassrosen, von denen die Richtungsstrahlen der Rumben ausgehen, an verschiedenen Orten, aber bei allen mit einem von der Konstruktion bestimmten Rhythmus zweier Sechzehnecke, eines für das westliche und eines für das östliche Mittelmeer. Die Gründe der unterschiedlichen Platzierung sind nicht klar, aber sie müssten mit der Praxis der Navigation zusammenhängen, dem Verlauf der Richtungsscharen zu folgen. Dulcert und Pizigani haben die Nahstelle der beiden Sechzehnecke des westlichen und östlichen Mittelmeers in den Golf von Tarent platziert. Diese Rose ist der Mittelpunkt der gesamten Karte, deren Richtungsscharen das Mittelmeer von Nord nach Süd und West nach Ost durchziehen, wichtige Küsten streifen und auf wichtige Häfen treffen, deren Namen in roter Farbe geschrieben sind. Ein Zeich-

Abbildung 5: Portolankarte von Angelino Dulcert aus Mallorca 1339. Zwei Pergamentteile zu einer Karte zusammengefügt. 75 cm x 102,2 cm. Sie reicht von der Ostsee bis zum Roten Meer und vom Atlantik zum Schwarzen Meer unter Einschluss von England (ohne Schottland) und Irland. Die atlantischen Küstenlinien sind im Vergleich zur Carte Pisane viel genauer. Sie enthält bereits Flussläufe wie den der Wolga und Gebirgszüge wie das Atlasgebirge in Nordafrika und die Pyrenäen und die terra nigrorum (Mali). Paris, Bibliothèque Nationale (BNF). Dep. des Cartes et Plans, Res. Ge. B696.

ner, der auf Segelrouten keine Rücksicht nehmen musste, wie der Genueser Petrus Vesconte 1321 in seinem mit Heiligenbildern illuminierten Atlas, plazierte die Knoten der Strahlen in regelmäßigen Abständen an den Rand der Karte. Vescontes Atlas kam bestimmt nicht auf See zum Einsatz, sondern landete als bibliophile Kostbarkeit in der Bibliothek eines reichen Mannes.

Ich nehme deshalb an, dass die Lage der Kompassrosen mit ihren Rumben nicht zufällig ist, sondern auf die Segelrouten der Kapitäne zugeschnitten war. Ihre Knoten wären dann als Fixpunkte zu betrachten, von denen aus der weitere Kurs anvisiert werden konnte. Bei der Portolankarte von Dulcert 1339 liegen viele dieser Rosen außerhalb des Mittelmeers im Atlantik so plaziert, dass sie den Weg nach England und an die flandrische Küste weisen. Von dort kamen Wolle und Textilien, die von den Genuesen bis in die Levante gehandelt wurden. Bei Pizigani 1367 sind es neben denen im Atlantik bereits zwei in der nördlichen Nordsee, als die Genuesen mit der Hanse in Kontakt kamen, und eine nördlich des Asowschen Meeres, eines Seitenarms des Schwarzen Meeres östlich der Krim mit der Mündung des Don. In Tana am Asowschen Meer errichteten die Venezianer ihre Handelsstation, die sie an die Seidenstraße anschloss. In Kaffa auf der Krim kauften die Genuesen Tscherkessen und Tartaren als Sklaven für die italienischen Städte und die Mameluken in Ägypten.[27] Die Genuesen machten mit den Woiwoden Handelsgeschäfte mit Luxuswaren bis in den Donauraum und die Walachei und kauften dafür Rinderhäute, Pökelfleisch- und -fisch und Getreide. Selbst in der Sahara sind bei Pizigani Windrosen zu finden. Genueser Kaufleute waren am Getreide der Berber und am Anschluss an den afrikanische Goldhandel interessiert.[28]

Ich habe den Eindruck, dass in der Portolankarte von Pizigani zumindesten der von einem Zentrum der Windrose im Atlantik in West-Ostrichtung ausgehende und durch Ibiza verlaufende Strahl dem 39. Breitengrad entspricht (Abbildung 6). Das wäre ein Hinweis darauf, dass zur Ortsbestimmung gelegentlich die Bestimmung des Breitengrades durch Messung des Höhenstandes der Mittagssonne an zwei aufeinanderfolgenden Tagen zu Hilfe genommen oder der Breitengrad mit dem Astrolab an Land festgestellt worden war. Der Kartenzeichner hätte einige von

Abbildung 6: Portolankarte von Domenico und Francesco Pizzigani aus Venedig 1367. 92 cm x 138 cm. Sie zeigt große Teile Skandinaviens, Schottland, die Kanaren und das Kaspische Meer, allerdings auch einige mythische Inseln im Atlantik und den von Arabern beschriebenen westlichen Nil, der dem Niger und dem Senegal entspricht, und von denen eine direkte Verbindung zum Nil angenommen wurde. Biblioteca Palatina Parma Ms. Parm.1612.

Pizigani 1367

Portolanero
http://en.wikipedia.org/wiki/User%3APortolanero

unsicheren Entfernungsschätzungen unabhängige Fixpunkte gewonnen, wenn Orte auf demselben Breitengrad liegen.

Es wäre falsch, in den frühen Karten wie der *Carte Pisane* deshalb eine Schwäche zu sehen, weil sie noch nicht nach den Kriterien mathematischer Projektion ausgearbeitet sind. Sie waren Gebrauchsmittel zur Orientierung und versuchten die Angaben schriftlicher Segelanweisungen, die Informationen der Seeleute und aus den Handelsniederlassungen bildlich umzusetzen. Koordinaten als Ergebnis einer Projektion der Erdkugel auf die Ebene mit ihren gekrümmten Breiten- und Längengraden und ohne rechten Winkel waren für die Navigation unpraktikabel. Die geradlinigen Kompassstrahlen dagegen entsprechen der anvisierten Richtung, sie sind *Loxodrome*, Abbildungen des kürzesten Wegs auf einer Kugeloberfläche als Gerade, egal wo und in welcher Richtung. Mit ihnen lassen sich die Distanzen bis rund 2 000 km, um die es im Mittelmeer ging, mit einem sehr geringen Fehler abbilden, sofern die Entfernungsangaben einigermaßen stimmen. Da wir uns so sehr an die nach astronomischen Kriterien vorgenommene Unterteilung der Erdkugel in Breiten- und Längengrade gewöhnt haben (beide natürlich ebenfalls *Loxodrome*), scheinen anders gelagerte *Loxodrome* willkürlich, unnatürlich. Sie sind es nicht weniger als die *Meridiane*, und bezeichnen menschliche Orientierungsversuche auf der Kugel.

Im Detail lauern viele Unwägbarkeiten beim Versuch, die Kugeloberfläche als Ebene abzubilden. Das ist bei Karten, die mit Hilfe des Kompass und der vermeintlichen Ausrichtung des Zeigers auf den magnetischen Nordpol nicht anders. Yoro K. Fall hat sich die Mühe gemacht und auf der frühesten bekannten *Carte Pisane* an verschiedenen Orten, deren Position wir heute mit Längen- und Breitengrad angeben, die Abweichungen der Längengrade vom astronomischen Nordpol gemessen.[29] Sie entsprechen in etwa der vermuteten Deklination, der Abweichung des magnetischen vom astronomischen Nordpol, für die wir aus dem 13. Jahrhundert nur extrapolierte Daten besitzen. Es scheint so, dass sich in der Karte sogar die Schwankungen des örtlichen Magnetfelds niedergeschlagen haben, das vom Kompass gemessen wird, und eben nicht die direkte Ausrichtung der Nadel auf den magnetischen Nordpol, in dem die Felder zusammenlaufen.

Aber was bedeutet das für die Herstellung der Karte, wenn diese noch nicht auf geometrisch-projektiven Verfahren und astronomisch bestimmten Breiten- und Längengraden beruhte? Der Zeichner muss diese kleinteiligen Daten von den Seefahrern bekommen haben als kurze Strecken von Hafen zu Hafen, von Bucht zu Bucht, die, ohne vom Kompasskurs abzuweichen, einzuhalten waren. Bei langen Strecken konnte sich niemand darauf verlassen, keine Kurskorrekturen vornehmen zu müssen. Ein geringer Fehler hätte sich in einer enormen Verzerrung des Kartenbildes niederschlagen müssen, was nicht der Fall ist. Wir sehen ein Wunderwerk an Präzision als Ergebnis einer großen kollektiven Leistung, die sich sogar in einheitlicher Farbgebung (»Farbe von Bedeutung« Barberinos) wichtiger Elemente der Karten niedergeschlagen hat und praxistauglich war.

Aufzucht und Krankheiten der Pferde

Jordanus Ruffus, als Marschall am Hof Kaiser Friedrichs II. von Sizilien verantwortlich für die Pferde, hat mit seiner Schrift *De medicina equorum* eine lange Wirkungsgeschichte, die bis ins 17. Jahrhundert reicht. Es war eine Anleitung für Praktiker der Pferdezucht, die er noch im Auftrag seines Herrn von 1250 bis 1254 verfasst und ihm *post mortem* gewidmet hat. Das mit Sicherheit lateinische Orginal bleibt verschwunden, aber im 13. Jahrhundert gab es bereits eine Übersetzung auf Französisch, drei lateinische Abschriften und ein illuminiertes Manuskript in toskanischem Dialekt. Aus den folgenden Jahrhunderten sind, neben zahlreichen lateinischen, französische, sizilianische, katalanische, italienische, provenzalische und deutsche Manuskripte in den Bibliotheken gelandet. Es existiert sogar eine hebräische Übersetzung. Nach dem ersten italienischen Druck durch Gabriele Bruno in Venedig 1493 folgten weitere im 16. Jahrhundert unter dem Titel *Libro dell' arte de Marasalcchi* 1563, 1611 und 1640. Da es sich um Gebrauchsliteratur handelte, dürften sehr viel mehr als die uns heute bekannten Kopien im Umlauf gewesen sein. Auch die frühen Übersetzungen in romanische Sprachen und Dialekte sind ein Indiz für praktischen Gebrauch, denn es waren Stallmeister, nicht Mönche, die sich um Pferde kümmerten, und sie hatten selten wie Ruffus das Privileg einer lateinischen Bildung und einer lateinisch gebildeten Entourage an einem kaiserlichen Hof.

Jordanus Ruffus' Onkel Pietro Ruffo aus kalabrischem Adel war bereits Marschall Friedrichs II. von 1244 bis 1250 gewesen. Jordanus Ruffus (Synomyme Giordano Ruffo, Giordano Rosso, Jordanus Rufus) wurde sein Nachfolger. Um 1200 geboren, war er 1239 Herr des Klosters von *Monte Cassino*, aus dem Friedrich II. einige Jahre vorher die Mönche vertrieben hatte, und von *Valle di Crati* in Kalabrien. Als Friedrich II. 1250 starb, erfreute sich die Familie unter Konrad IV. bis zu dessen Malariatod in einem Heerlager bei *Lavello* in der *Basilicata* 1254 weiterhin der Gunst des Kaisers, aber unter dessen Halbbruder Manfred verlor Onkel Pietro Ruffo seinen Posten als Großmarschall, und Jordanus Ruffo soll 1256, zwei Jahre nach Beendigung seines Traktates über die Pferdehaltung und nach Verlust des Augenlichts in den Erbfolgekämpfen Manfreds im Gefängnis gestorben sein.

Der Verantwortliche für die Pferde am Hof eines Adeligen bekleidete in einer Gesellschaft von Rittern, die ihre Kämpfe hoch zu Ross auszutragen pflegten, eine wichtige Rolle. Von ihm hingen die Kampfbereitschaft und Mobilität der Truppe, die Verlässlichkeit des Nachschubs und die Geschwindigkeit der Kuriere ab. Des Kaisers Hof war ständig unterwegs. Ein Ausfall von Pferden konnte Regierungshandeln sabotieren und wirkte wie eine Majestätsbeleidigung. Friedrichs Verlangen nach klaren Regeln für die Pferdehaltung war nur zu verständlich. In der Behandlung kranker Tiere wimmelte es von magischen Praktiken, Anrufung von Heiligen und astrologischen Zuordnungen, und die Beurteilung der Schnelligkeit eines Pferdes konnte davon abhängen, wie tief die Nüstern beim Saufen ins Wasser eintauchen und wie lang die Ohren sind, so der Regensburger Kanoniker Konrad Megenberg in seinem weit verbreiteten auf Deutsch geschriebenen *Buch der Natur* noch 100 Jahre später.

Am Anfang seines Traktates schreibt Ruffus, dass er in sein Buch nur das aufgenommen habe, was er aus eigener Erfahrung mit großem Scharfsinn des Geistes über das Pferd im Marstall des Kaisers Friedrich gelernt habe. In ihrer Veröffentlichung des altfranzösischen Textes ergänzt Brigitte Prévot, Ruffus habe auch keinerlei Hinweise auf benutzte Literatur gegeben, und es sei davon auszugehen, dass er die byzanthinische oder arabische nicht gekannt hat.[30] Dem ist zwar u.a. von seinem deutschen Teilübersetzer Robert Roth widersprochen worden, aber entscheidend ist doch, dass Ruffus das Buch in seinem eigenen Duktus in klarer Systematik verfasst hat, sodass solche Spuren, falls vorhanden, nur schwer nachzuweisen sind.[31] Seine medizinische Grundeinstellung war, wie konnte es auch anders sein, hippokratisch-galenisch geprägt, d.h. er erklärte Krankheitssymptome und physiologische Vorgänge im Sinne der Säftelehre Galens und neigte dazu, innere Krankheiten im Sinne der Diätetik des Hippokrates zu behandeln. Chirurgische Eingriffe verfolgten das Ziel, verdorbenen Säften einen Ausgang zu verschaffen und nicht heilende Wunden auszubrennen. Darin war er ein Kind seiner Zeit, nicht aber darin, dass er die ganzheitliche hippokratische Humanmedizin in aller Konsequenz auch für Pferde gelten ließ und sich mit Empathie ihrem Verhalten, ihrer Entwicklung und ihren Krankheiten zuwandte. Aus der von ihm verwandten Nomenklatur sind schwer Rückschlüsse auf die behandelten Krankheiten zu ziehen. Das wird jedoch durch eine sehr genaue Beschreibung von Symptomen ausgeglichen, aus der viel praktische Erfahrung spricht, und die eine ungefähre Zuordnung zu heute bekannten Krankheitsbildern erlaubt. Sein Vorgehen ist immer gleich: erst werden die Symptome der Krankheit geschildert, danach folgt die Therapie, oftmals in mehreren Varianten.

Ruffus beginnt mit der Produktion der Fohlen und dem pfleglichen Umgang mit Hengst und Stute, die nicht übermäßig belastet werden sollen, wenn es ans Kopulieren geht. Das soll im Stall stattfinden, damit der

Hengst sich nicht zu sehr anstrengen muss und die Stute den Samen halten kann. Und es soll dann stattfinden, wenn das Gras wächst, damit die Stute genügend Milch produziert (sie ist im Mittel elf Monate trächtig). Sie soll weder tags noch nachts gegen ihren Willen eingeschlossen werden, da Hunger und Durst zu Frühgeburten führen können. Um sich gut zu entwickeln, sollen sich Fohlen und Stute draußen bewegen können, denn für die Beine der Pferde ist das Eingeschlossensein vom größten Übel. Das Fohlen soll, wenn es auf natürliche Weise geboren wurde, zwei Jahre bei der Stute verbleiben, nicht mehr und nicht weniger, weil es bespringen will oder besprungen werden kann (weil es geschlechtsreif geworden war) und sich vor allem an den Beinen verletzen könnte. »Aber ich weiß, dass es besser für das Fohlen ist, von der Mutter getrennt zu werden, weil die Freiheit und das Gras Körper und Glieder des Fohlens entwickeln«. Dieses Begründungsmuster »wenn ... dann ... weil« wird auch in der Behandlung von Krankheiten durchgehalten. Es erlaubt eine Überprüfung der in einen Therapievorschlag eingeflossenen Voraussetzungen und ihre eventuelle Korrektur. Bei Albertus Magnus sieht das ganz anders aus. Er erteilt im 7. Buch von *De animalibus*[32] (Über Tiere) lediglich Anweisungen zur Behandlung von Pferdekrankheiten, ohne sie zu begründen, und reiht einen Katalog der Beliebigkeit aneinander. Mehr nicht. Er fällt selbst hinter Meister Albrant zurück, Marstaller und Fahnenschmied bei Friedrich II., der 1240 eine kleine Schrift auf Deutsch über die Therapie von Pferdekrankheiten geschrieben hat.

Wie soll man die Schönheit und die Verfassung eines Pferdes beurteilen? Ruffus schaut sich das Tier genau an, die Beine, die Form des Rückens, die Göße des Brustkorbes, sein Verhalten. Kein Wort über die Länge der Ohren, aber sehr wohl über Pferde, die die Ohren hängen lassen und eingefallene Augen haben: Sie sind träge und schmollen. Wenn Ohren und Kopf kalt sind und hängen, ist das ein Zeichen des Todes. Es ist auch ein Todeszeichen, wenn bei einer Angina schwer durch die Nüstern geatmet wird und der Rachen aufgebläht ist. Ein Pferd, das hinkt und seinen Fuß irgendwo auf die Erde setzt und nur herumtappst, findet keinen Halt. Satz für Satz ist zu spüren, wie er sich in die körperlichen Fähigkeiten und Reaktionen der Pferde einschließlich ihrer Schmerzempfindungen hineinzuversetzen sucht, um Vorhersagen treffen und Therapien entwickeln zu können, statt Einen vom Pferd zu erzählen (*a cock and a bull story*). Das sind Anfänge eines wissenschaftlichen Verhaltens, das ja den Anspruch erhebt, unter kontrollierten Bedingungen zu reproduzierbaren Ergebnissen zu kommen. Brigitte Prévot nennt die Herausgabe seiner frühen französischen Texte daher völlig zurecht »Die Wissenschaft vom Pferd im Mittelalter«. Dass diese Wissenschaft bis in die Neuzeit hinein nicht selbstverständlich war, zeigt die Wirkungsgeschichte des kleinen, systematischen Kompendiums Meister Albrants zur Behandlung von 36 Krankheiten. Es schwoll mit jeder Veröffentlichung weiter an, angereichert selbst mit Rosstäuscherpraktiken und entstellt durch magische und abergläubische Zutaten, die einer weit verbreiteten Haltung entsprachen und es zu einem viel gelesenen »Arbeitsbehelf der Hufschmiede, Pferdehändler und Fuhrleute« in Deutschland, Böhmen und Schweden machte. Bis ins 18. Jahrhundert hinein ist in Deutschland kein Rossarzneibuch gedruckt worden, ohne Rekurs auf Meister Albrant zu nehmen.[33]

Eine der stärksten Passagen bei Ruffus ist die Beschreibung einer auch für den Menschen gefährlichen bakteriellen Pferdekrankheit, die im Deutschen als Rotz, manchmal auch als Wurm bezeichnet wird. Rotz, weil bei der akuten Form aus der Nase ein zähes Sekret abgesondert wird, und Wurm, weil sich bei der chronischen oft verdickte Lymphbahnen unter der Bauchhaut schlängeln. Ruffus stellt sie gleich an den Anfang des Kapitels über Krankheiten, sicher um die Bedeutung dieser die Herden dezimierende Seuche zu unterstreichen. Er zählt nicht einfach ein paar Symptome auf, wie das Albertus Magnus und die Doktoren der Schule von Salerno bei Krankheiten gemacht haben, sondern beschreibt mit klinischem Blick, wie sich aus entzündlichen Anfängen an Brust und Hoden Verhärtungen und Geschwüre bilden und unterscheidet diese chronische Form von der akuten mit Schleimbildung und nässenden Hautgeschwüren, die er als fliegenden Rotz bezeichnet. Der Krankheitsverlauf muss ihn in seiner Grundhaltung bestärkt haben, die Tiere so oft wie möglich ins Freie zu lassen, obwohl er sich nicht bewusst war, dass Rotz eine ansteckende Krankheit ist. Denn nur im engen Kontakt der Ställe und bei schwächlichen Tieren hat die Krankheit eine Chance. Der Transport der Pferde auf dem Unterdeck von Kreuzzugsschiffen barg solche Risiken, weshalb Friedrich II. bei seinem Kreuzzug 1229 zahlreiche Pausen einlegte, um den Pferden frische Luft und Bewegung zu gönnen (Abbildung 7 und 8, S. 38).

Das Kupferstichkabinett in Berlin konnte 1884 ein illuminiertes Manuskript von Ruffus' Text aus dem Besitz des Antiquars und Herstellers künstlerischer Keramik Torquato Castellani in Rom erwerben, dessen Spur sich im Dunkel der Zeit verliert. Es wurde Ende des 13. Jahrhunderts im Pisaner Dialekt (*colorito toscano occidentale)* geschrieben, wahrscheinlich in einer Werkstatt Genueser Kopisten und Illustratoren, die in Pisa lebten.[34] In der Fachliteratur der Antike waren Texterläuterungen durch Bilder nichts Ungewöhnliches, im Mittelalter waren sie, außer in astronomischen Darstellungen, die große Ausnahme. Bilder dienten dekorativen Zwecken zur Verschönerung einer Pergamentseite und bezo-

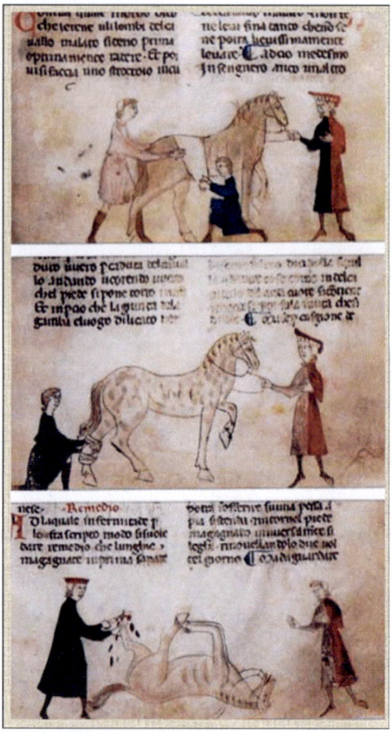

Abbildung 7 (links): Jordanus Ruffus, Lo libro dele marescalcie dei cavalli. Das in Süditalien Ende des 13. Jahrhunderts geschriebene und illuminierte Manuskript war auf nicht mehr nachvollziehbaren Wegen in die Hände des Keramikhändlers und Antiquars Torquato Castellani (1846 bis 1931) geraten, der es 1884 an das Kupferstichkabinett Berlin verkaufte. Dort wird es unter Giordano Russo geführt. Von oben nach unten: Hängevorrichtung bei Huferkrankung, Behandlung des Hautrotzes mit Ausbrennen und Ansetzen von Blutegeln, Behandlung der Zunge mit Einsetzen eines Maulgatters. Cod. 78C15, Staatliche Museen Berlin, Kupferstichkabinett fol 45 r, fol 10 r, fol 22 v.

Abbildung 8: Von oben nach unten: Anlegen eines Pechbandes bei schmerzhafter Verhärtung der Rückenmuskulatur, Anlegen eines heißen Klebeverbandes, chirurgische Behandlung einer Huferkrankung. Cod. 78C15, fol 26 r, fol 35 r, fol 39 r.

gen sich, wenn überhaupt, eher symbolisch auf den Text oder zeigten in den Chroniken beim Kampf um Troja Ritter in vollem Harnisch zu Pferd. Man nahm es nicht so genau wie der römische Ingenieur des 1. Jahrhunderts vor Christus, Vitruv, der für die Beschreibung einer Wasserorgel verlangte, »dass eine dunkle Sache durch klare Beschreibung erhellt« werden muss.[35] Eine solche Haltung war die Voraussetzung für den Wunsch nach Abbildungen, die eine einprägsame Hilfestellung zum Begreifen des Sachverhalts geben können. Bei den Bildern des Manuskripts handelt es um sinnvolle Ergänzungen des Textes. Sie zeigen, wie mit dem Pferd bei der Applikation von Therapien umgegangen werden soll: Eine Hängevorrichtung wie sie auch beim Pferdetransport auf See verwandt wurde, das Einsetzen eines Maulgatters bei Zungen- und Rachenerkrankungen, die Sicherungen bei chirurgischer Behandlung von Hufkrankheiten und zwei Verbandmethoden.

Über die Kunst, mit Vögeln zu jagen – das Falkenbuch Kaiser Friedrichs II.

Die Falknerei war eine Kunst, die einer ganz dünnen Schicht allerhöchster Adelskreise vorbehalten war – ein mythisch überhöhtes Herrschaftsssymbol einer auf die Spitze getriebenen Verfeinerung der Jagd und meilenweit entfernt von den bäuerischen Methoden der Fallensteller und dem Gekläffe adliger Hundemeuten. »Flugbare Vögel können nur durch List gefangen und abgerichtet werden. Und deshalb ist eben diese Kunst zu jagen schwieriger und würdiger«, sagt Friedrich im 1. Kapitel. Die Würde drückt sich u.a. darin aus, dass auch das Verhalten der potentiellen Beute der Falken sehr genau in den Blick genommen wird. Das macht das Falkenbuch zum ersten Fachbuch für Ornithologie und noch dazu zu einem, das jahrhundertelang nicht übertroffen wurde. 130 Vogelarten lassen sich auf Grund von Beschreibungen und Abbildungen identifizieren.

Was hat die Schilderung eines Kaisers »Über die Kunst, mit Vögeln zu jagen« (*De arte venandi cum avibus*) in einem Text zu suchen, der zeigen will, wie sich ein neues Wissenschaftsverständnis nicht aus klerikalen Debatten, sondern aus den Bemühungen um angewandtes Wissen entwickelt hat? Das ist auch deshalb nicht leicht einzusehen, weil Friedrichs Buch mit einem Dutzend lateinischer Manuskripte, einem ersten Druck von 1596 und einem weiteren von 1788 auf einen relativ kleinen Kreis beschränkt blieb und erst 1896 ins Deutsche übersetzt wurde. Die allgemeine Wirkung war gering, und es gibt nur eine einzige frühe Übersetzung ins Französische im Auftrag des Vizegrafen von Troyes, Jean II., Herr von Dampière von 1300, die mehrfach, zum Teil illuminiert, kopiert wurde. Das Falkenbuch wurde auch von Naturwissenschaftlern und Zoologen jahrhundertelang kaum wahrgenommen. Eine Ausnahme hätte der Nürnberger Arzt Joachim Camerarius (1534 bis 1598) sein können, in dessen Besitz sich die von Friedrichs Sohn Manfred veranlasste prachtvoll illuminierte Handschrift befunden hat, wenn er sie nicht nur für die erste Druckausgabe zur Verfügung gestellt, sondern sich inhaltlich zu ihr geäußert hätte. Jedenfalls hat er ihre Bedeutung erkannt und für die Verbreitung des Textes gesorgt, bevor sie im Zuge des 30-jährigen Krieges zusammen mit dem Heidelberger Bücherschatz nach Rom abstransportiert wurde und in der *Biblioteca Palatina* verschwand. Sie ist inzwischen in einer grandiosen Qualität digitalisiert[36] (Abbildung 9).

Das Falkenbuch gehört trotz seines kaum messbaren Einflusses auf die Geschichte der Naturwissenschaften in diese Untersuchung, weil sich in

Abbildung 9: Friedrich II. Über die Kunst mit Vögeln zu jagen: De arte venandi cum avibus.Von Friedrichs Sohn Manfred in Auftrag gegebene Bilderhandschrift mit seinen Anmerkungen (1258 – 1266). Hier läßt sich ein ermatteter Vogel auf einem Schiff nieder, selbst auf die Gefahr hin, gefangen genommen zu werden. Biblioteca Apostolica Vaticana. Pal. lat. 1071, fol 15r.

ihm eine Haltung niederschlägt, die die eigene Erfahrung über das Bücherwissen der Antike stellt, die Gralshüter mittelalterlicher Wissenschaft unbekümmert kritisiert und, wenn nötig, zurechtweist und freimütig erklärt, von wem sie Teile ihres Wissens übernommen hat. Ich bin ganz und gar nicht der Meinung, dass Friedrich und sein Sohn Manfred damit als geniale Einzelgänger zu betrachten sind, als einsame Leuchttürme am Rand eines trostlosen Sees. Sie gehörten mit ihren selbstbewussten Beobachtungen zu einem anschwellenden Strom mobiler Geister in den dynamischen Teilen der Gesellschaft, der angewandtem Wissen und eigenen Erfahrungen Geltung verschaffte, Leuchtturm nur insofern, als sie dieser Haltung einen unvergleichlich klaren Ausdruck verliehen haben. Deshalb stelle ich sie hier vor.

Ich habe die Übersetzung des schlesischen Rittergutsbesitzers H. Schöpffer benutzt, die online zugänglich ist, sich auf die zweite, gegenüber der ersten von 1596 unveränderten Druckversion von 1788/89 stützt und den Vorteil hat, dass sein Sohn als Herausgeber Forstmeister war, mit einem Ornithologen zusammenarbeitete und die Fachsprache der Falknerei erklären konnte.[37] Ich lasse Friedrich und Manfred in einigen ihrer starken Passagen selbst zu Wort kommen, weil das dichte Gewebe texthistorischer Fragestellungen, das Historiker ohne ornithologische Interessen um sie gelegt haben, eher verdeckt als erhellt, was sie zum Verhalten und zur Anatomie der Vögel zu sagen hatten.

Anatomie ist für sie funktionelle Anatomie. Einige Kostproben:

> »Die Ursache, weshalb Schwimmvögel einen schlechten Gang haben, ist darin zu suchen, dass sie von der Natur bestimmt sind, ihren Lebensunterhalt beim Schwimmen zu gewinnen, und sie haben krumme Schienbeine, damit sie sich besser, kräftiger und leichter im Wasser bewegen. Hätten sie lange Schienbeine, so würde es ihnen schwer fallen, sich schwimmend zu treiben, da notwendigerweise dann das Wasser zu tief in Bewegung gesetzt würde. Dasselbe leistet in der Tiefe und entfernter von der Luft geringern Widerstand, auf der Oberfläche aber treibt es durch den größern der Füße nach hinten zu den schwimmenden Körper besser fort« (S. 11).

Warum schlafen Vögel auf einem Bein? Auf eine solche Frage muss man erst einmal kommen.

> »Auf einem Fuße schlafen nicht nur Wasservögel, sondern fast alle, damit sie leise schlafen und sich rascher erheben können und so drohende Gefahren leichter wahrnehmen und ihnen entgehen können. Die Wasservögel halten jedoch während des Schlafes einen Fuß im Wasser, um die Bewegung des Wassers zu fühlen, sobald dasselbe von einem Raubtiere oder einem anderen ihrer Feinde betreten wird«.

Zusatz Manfreds, der physiologisch denkt:

> »Doch kommt noch der andere Grund hinzu, dass nämlich die Füße der Vögel fast fleischlos sind und nur Knochen, Sehnen, Haut und hornige Nägel haben, die schon von Natur der Wärme entbehren, so müssen sie wechselweise zu Erwärmung unter die Federn heraufgezogen werden. Wenn nun der Wind weht, so bieten sie ihre Brust dem Winde während des Schlafes, damit die Federn sich nicht in die Höhe sträuben können, was sie im Schlafe belästigen würde« (S. 15).

Die Art und Weise, wie Vögel an ihre Nahrung kommen, ist von besonderem Interesse. Ohne es ausdrücklich zu sagen, wird das Jagdrevier für Falken besichtigt (Abbildungen 10, 11, 12, S. 44). Deshalb sind die Orte, die Wege dorthin, die Fress- und Ruhezeiten, die Ordnung des An- und Abmarsches der Wasservögel u.v.m. wichtig, festgehalten zu werden.

Wie z.B. machen das die Geier? Sie spähen von Felsen und

> »schwingen sich rasch herab und sammeln sich um den Kadaver. Können sie aber von Bäumen oder anderen Standpunkten nicht so etwas sehen, so steigen sie hoch in die Luft, hierhin und dorthin Kreise beschreibend, so daß ihnen die fernsten Orte nicht verborgen bleiben, und wenn einer von ihnen rasch zum Aase niederfliegt, so kennen die übrigen seine Bewegung und folgen. Denn durch den Geruch können sie davon nichts erfahren, obgleich dies einige behaupten, sondern vielmehr durch das Gesicht. Wir selbst haben mehrmals erfahren, daß die Geier alle versammelt waren und dennoch das vorgeworfene Fleisch nicht witterten, und sicher waren ihre Nasen nicht verstopft. Wir haben ebenso die Erfahrung gemacht, dass sie keine Vögel rauben, selbst wenn sie hungrig sind, da wir vor ihren Augen junge Hühner hinwarfen; denn sie fingen dieselben weder, noch töteten sie dieselben. Sie steckten Kopf und Hals durch die enge Öffnung des auszuweidenden Kadavars, denn bei mehreren Geiern ist Kopf und Hals ohne Federn« (S. 19).

Friedrich entdeckt in der Formation von Zugvögeln ein demokratisches Element, das auf Erschöpfung des Führers beruht, und in eine Kritik an Aristoteles mündet:

> »Einer ist jedoch immer voran, und besonders bei einer Menge Kraniche, und zwar nicht deswegen, weil derselbe das Ziel kennt, wohin es geht und andre nicht, sondern weil er die Gefahren erkennen und die Andern durch Rufen und Ausweichen warnen soll. Die übrigen fliegen unter dem Schutze des Führers oder Herzogs sicher; weil nun dieser nicht blos schwere Arbeit durch sein Voranfliegen, sondern auch wegen der sorgfältigen Vorsicht hat, so verläßt er die Spitze, wenn er sich ermüdet fühlt, und ein andrer übernimmt die Führung. Denn es ist nicht wahr, daß ein und derselbe immer Herzog bleibt, wenn es auch Aristoteles schreibt« (S. 25).

Der folgende Absatz zu Verhalten der Zugvögel ist ein Genuss. Er enthält einen Teil der Einlassung zum Vogelflug, der von den beiden mit physikalischem Einfühlungsvermögen beobachtet wird:

> »Mit einem gewissen Ahnungsvermögen der Zukunft und natürlichem Gefühle, wie sie es vom Wechsel der Wärme und Kälte haben, erkennen die Vögel die Stürme im Voraus, welche ihnen passen, um sich an Orte zu begeben, wo ihnen die Wärme und Kälte zusagt. Deshalb ziehen sie zum Winter und zum Sommer. Der Herbst liegt zwischen dem Sommer, welche sie kräftigte und ihre Federn wachsen ließ, und zwischen dem Winter, des-

Corlinus
vultur
pellicanus
airo

Von oben nach unten:

Abbildung 10: Friedrich beschreibt die Reihenfolge, in der Vögel zu ihrer Weide fliegen. Hier sind es erst die Gänse, dann die Pelikane und Schwäne. Fol 7 r.

Abbildung 11: Vögel mit unterschiedlich dicken Hälsen: Großtrappe, Brachvogel, Reiher, Mönchsgeier. Flugstudien von Pelikan und Reiher. Fol 22 r.

Abbildung 12: Beispiele für die Verfärbung des Gefieders. Schwäne sind im ersten Jahr aschgrau, im zweiten hellgrau und erst im dritten weiß. Rechts außen steht am Ufer des einer Galeere nachempfundenen Wasserlaufs ein majestätischer Reiher, dessen Gefieder sich in der Paarungszeit verfärbt. Fol 32 r.

sen Kälte sie fürchten. Sie haben also diese Zeit zu wählen. Sie vermeiden die Winde, welche ihrer Wanderung grade entgegengesetzt sind, die Platzregen und Hagelwetter und zu windstiller Zeit warten sie günstige Winde ab. Nordwinde, mögen sie von der Seite oder von hinten kommen, sind ihnen günstig und sie warten darauf ebenso wohlweislich wie die Schiffer. Denn durch solche Winde wird ihr Forttreiben und Steuern in der Luft erleichtert, und wenn sie beide Arbeiten zugleich zu bewältigen hätten, würden sie nicht lange und nicht zu fernen Orten fliegen können. *Wenn sie mit dem Winde fliegen, können sie sogar mit den Flügeln ruhen, wenn sie wollen, und doch vorwärts kommen, indem der Wind die Flügel trägt und weiterführt. Bei der Windstille würden sie dagegen schwere Arbeit haben, und bei widrigen Winden sogar die dreifache des Schwebens, Fortbewegens und Widerstandes* (Hervorhebung H.V.). Man hat nämlich gesehen, wenn beim Zuge sie plötzlich ein widriger Wind befiel, starke Platzregen oder Hagel oder sonstiges böses Wetter, daß sie ins Meer fallen, und wenn einige von ihnen auf Schiffe flüchten konnten, sie sich lieber fangen ließen statt daß sie umkommen oder beim ungünstigen Wind zurückweichen. Ebenso sehen wir, daß sie, wenn ein Wind sich erhebt, der ihnen hilft, sie bei Tag oder Nacht sofort alles, was sie vorhaben, unterbrechen, sei es Weide oder Schlaf, und ihre Reise antreten. Deshalb haben sogar Raubvögel, denen wir ihre Beute vorgeworfen hatten, welche sie zu verzehren im Begriff waren, diesselbe verlassen und sind mit dem Winde fortgezogen. Denn sie ertragen den Hunger und unterziehen sich der Anstrengung bei günstigem Wind« (S. 23, 24).

Die beiden von mir hervorgehobenen Sätze und der von Friedrichs Sohn Manfred hinzugefügte Absatz im Kapitel »Von der Arten des Fluges der Vögel« (S. 69 bis 73) offenbaren ein tieferes Verständnis über die beim Flug geleistete Arbeit als alle Traktate der ersten Hälfte des 19. Jahrhunderts einschließlich der ehrwürdigen akademischen Stellungnahmen zur Möglichkeit eines Fluges schwerer als Luft: Heftige Bewegungen ermüden, der Segelflug ist zum Ausruhen nach misslungener Beutejagd oder zur Kräfteersparnis bei längeren Flügen da. Der Schwanz dient der Steuerung und dem Halten des Gleichgewichts. Gleitflug bei Landung, Flug in Bodennähe und Höhengewinn, Sturzflug mit angelegten Flügeln, Flug gegen den Wind und mit dem Wind, Flügelschlag mit kurzen und langen Flügeln – Manfred hat kaum eine Frage ausgelassen, die aus der Beobachtung des Fluges der Vögel entstehen kann. Vorausgegangen war Friedrichs ausführliche Beschreibung der Flügel, ihres Gefieder in allen Einzelheiten der Unterschiede der Federn und ihrer Funktion beim Flug und seiner Steuerung, der Anatomie des Schultergelenks, aus dem die Bewegung der Flügel folgerichtig abgeleitet wird.

»Der Flug ist Schreiten durch die Lüfte vermittels der Flügel, ebenso wie der Gang ein Schreiten auf der Erde vermittels der Beine ist…«, sagt Friedrich (S. 69). Etwas später dann der Versuch der Einordnung verschiedener Arten des Fluges:

> »Einige Vögel bewegen ihre Flügel nur auf einerlei Weise beim Fluge und ändern diese ohne zwingende Not nicht; andere bewegen sie verschiedenartig und ändern ihren Flug auch ohne bestimmte Veranlassung. Die auf gleichmäßige Weise fliegenden bewegen nun ihre Flügel entweder viel oder wenig. Sie haben nämlich Flügel oder Schwungfedern im Verhältnis zu ihrem Körper entweder etwas kurz oder bei langen Flügeln zu kurze Schwungfedern und können daher ohne vielen Flügelschlag nicht vorwärtskommen und sich auch nicht in der Schwebe halten. Bei genannten Umständen bewegen sie nun die Flügel dann umso öfter, wenn die Schwungfedern dünn und weich bei ihren natürlichen oder zufälligen Lücken sind; sind sie jedoch hart und voll ohne Lücken, – dann folglich weniger (…)
>
> Gewisse Vögel haben auch längere Flügel und Schwungfedern, als es ihrem Körper angemessen ist, und gewisse wieder kurze Flügel und dabei doch lange Schwungfedern, um sich ohne viel Flügelschlag in der Luft erhalten und fortbewegen zu können; wenn sie nun dabei harte und volle Pennen (große Handschwingen) ohne Lücken haben, so machen sie noch weniger Flügelschläge. Bei kurzen und weichen Flügeln muß ein schwerer Vogel auch natürlich diese umso mehr bewegen, weil er sonst sinken würde«.

Aus dem Zusatz Manfreds wird noch deutlicher, welche Frage sie bei der Erklärung des Fluges umgetrieben hat. Es war die Zahl der Flügelschläge und wie sie mit dem Bau der Flügel zusammenhängt. Die Beiden müssen eingehende Inspektionen des Federkleides zahlreicher Arten vorgenommen haben. Es interessierte seine Dichte, die Größe des Flügels im Verhältnis zum Rumpf, die Anordnung und Ausprägung der Federn und schließlich ihr Zusammenspiel. Sie hatten eine klare Vorstellung vom Segelflug als demjenigen Flug, der die geringste Kraft benötigte, und nannten ihn Ausruhen nach den Anstrengungen des Flügelschlagens. Und sie stellten sich die Frage nach der Funktion des Schwanzes, der zwar zur Steuerung dient, aber bei einigen Vögeln sehr kurz geraten ist. Sie beobachteten das Ausbreiten der Flügel bei der Landung und ihr Anlegen beim Sturzflug.

Erst im zweiten Buch geht es dann um Falknerei, um die eigentliche Kunst, mit Vögeln zu jagen. Das erste Buch hat den Rahmen sehr großzügig abgesteckt, in dem die Beizjagd erfolgt und ein feines Verständnis für den diffizilen Umgang mit den Falken vorbereitet. Der Jäger sollte sich in den Falken hineinversetzen können und die Welt ein wenig mit dessen Augen sehen lernen. Nur so konnte er seine Reaktionen auf das Abtragen (Abrichten) verstehen. Friedrich hat zwar viele eigene Erfahrungen gesammelt, war sich aber nicht zu fein, bessere Methoden von anderen zu übernehmen. Dehalb hat er die Falkenhaube eingeführt, die das brutale Zunnähen der Augen am Beginn des Abtragens ersetzte (Abbildungen 13 und 14, S. 48).

> »Die Falkenhaube ist eine Erfindung orientalischer Völker. Die Araber haben sie, so viel wir wissen, zuerst bei der Abtragung gebraucht; wir haben es auch selbst bei ihnen gesehen wie sie diesselbe anwandten, als wir über das Meer zu ihnen hingesegelt waren. – Die Könige der Araber schickten uns nämlich mit vielen Falkenarten auch sehr erfahrene Falkoniere, aber nichts destoweniger haben wir teils aus Arabien, teils aus andern Ländern, woher es auch war, Eingeweihte in der Falknerei herberufen. Dies geschah zu der Zeit, als wir zuerst den Vorsatz faßten, ein Buch über diese gesamte Kunst zu verfassen, und wir haben, wie schon oben erwähnt wurde, das, was sie besser verstanden, von ihnen angenommen. – Im Gebrauche der Falkenhaube waren sie nun auch sehr erfahren und wir erkannten die große Brauchbarkeit derselben, gebrauchten sie beim Abtragen und wollten die auf solche Weise von uns geprüfte Anwendung derselben, welche unsern Zeitgenossen dieseits des Meeres nützlich geworden ist, auch späteren Generationen nicht vorenthalten« (S. 167).

Ein Praktiker übernimmt nach Prüfung die als besser eingeschätzte Praxis anderer. Man sollte das nicht überhöhen, denn im handwerklichen Alltag war und ist das Gang und Gäbe. Wissenschaft entsteht daraus nicht im Selbstlauf. Sie entsteht, wenn der Vorgang reflektiert wird und Regeln aufgefunden werden können, unter deren Bedingungen sich das erwartete Ergebnis einstellen muss. Genau das hat Friedrich versucht. Es ist verblüffend zu verfolgen, wie er den Umgang mit der Falkenhaube unter allen denkbaren Anwendungsmöglichkeiten austestet, Löcher anbringen lässt, um die Ventilation des Kopfes zu verbessern, geschickte und ungeschickte

Abbildung 13: Drei Gerfalken mit Hauben. Den Falkensitz nennt man Jule. Fol 53 v.

Abbildung 14: Beschneiden der scharfen Krallen, um Verletzungen der Hand des Falkners und Zerstörung des Handschuhs zu vermeiden. Ein Schnittmuster für die Schlinge oder Wurffessel, die um den Fuß des Falken mit überstehendem langen Ende gelegt wird, um ihn daran festhalten zu können. Fol 62 v.

Falkner und die Reaktion der Vögel auf sie beim Aufsetzen der Haube beobachtet, mit jungen Falken ohne Erfahrung der vorigen Methode und mit alten erfahrenen experimentiert und dann die Bedingungen formuliert, die für einen erfolgreichen Einsatz der Haube unbedingt eingehalten werden müssen. Das nenne ich angewandte Wissenschaft, aus ihr resultiert im Gegensatz zur schlichten Weitergabe von Erfahrung als Meinung Einzelner überprüfbares Wissen, das für alle sichtbar festgehalten wird. Friedrich war nicht einfach der Meinung, dass so mit der Falkenhaube umgegangen werden soll, sondern wollte beweisen, dass der von ihm vorgeschlagene Umgang so und nicht anders ablaufen muss, wenn der Widerstand der Falken gegen die Haube gebrochen werden soll. So weit war sein Stallmeister Ruffus noch nicht. Wenn er eine Therapie für eine Krankheit oder ein Symptom vorschlug, war eine andere trotz der Herstellung eines Begründungszusammenhangs nicht ausgeschlossen. Die Kriterien der Begründung blieben im Dunkeln, Friedrich legte sie offen. Ruffus präsentierte Wissen als eindimensional begründete Meinung, Friedrich als reflektierende Wissenschaft. Dazu zählt der kritische Umgang mit Plinius und Aristoteles, deren Angaben auf den Prüfstein eigener Erfahrung gelegt und, wie im Falle von Plinius, allzu Phantastisches ausgeschieden wird. Dazu zählt das Zugeben von Nichtwissen. So kann er z.B. über die Brutzeit keine Angaben machen, »weil mehrere Raubvögel an zu fernen Orten brüten, über die wir keine Kunde haben« (S. 94). Er schätzt »immer weniger als 40 Tage«. Das gleiche gilt für die Zeit von der Empfängnis bis zum Eierlegen.

Das Zugeben von Nichtwissen auf Grund fehlender Beobachtung ist für Friedrichs Zeit ganz ungewöhnlich. Er macht nicht einmal den Versuch, die Lücke mit den üblichen Schriftstellern, Aristoteles und Plinius auszufüllen. Vor allem letzterem misstraut er zutiefst, während Albertus Magnus etwa die Einhorngeschichte des Plinius nicht nur glaubt, sondern christologisch noch stärker aufrüstet als das Hildegard von Bingen und der griechische »Physiologus« getan haben, und die Geschichte der Zähmung des Einhorns im Schoß einer Jungfrau allen Ernstes weiterträgt und ausschmückt. Friedrich kennt die Brutzeit der Greifvögel nicht und erlaubt sich höchstens eine Schätzung, die eindeutig als solche gekennzeichnet ist. Das ist ein wissenschaftliches Verhalten. Er lässt die Fragen offen, die er nicht beantworten kann, und er verlässt sich nicht auf fragwürdige Quellen.

Autopsie – selbst gesehen

Entgegen der landläufigen Meinung hat die Kirche des Mittelalters Sektionen am menschlichen Körper nicht ausdrücklich untersagt. Aber es herrschte seit Augustin (354 bis 430) ein Klima, dass sie nicht mit der *humanitas* vereinbar seien. Seit dem 12. Jahrhundert haben sich mehrere päpstliche Beschlüsse gegen die medizinische Betätigung von Mönchen und Klerikern ausgesprochen. Es begann mit dem Konzil von Tours 1163 unter Papst Alexander III. und dem Canon VIII, der den Mönchen nach Ablegung des Gelübdes unter Androhung der Exkommunikation das Studium von Medizin und Jura verbot (*Ut religiosi secularia studia vitent*). Es war ein Beschluss, der sicherstellen sollte, dass sich die Kleriker ausschließlich ihren geistlichen Pflichten widmen sollten, und keineswegs lediglich ein Verbot chirurgischer Betätigung, wie das allenthalben mit *Ecclesia abhorret a sanguine*, die Kirche schrecke vor dem Blut zurück, kolportiert wird. Dieser Satz existiert in keinem einzigen katholischen Dokument. Er ist eine Erfindung des François Quesnay in seiner 1744 geschriebenen Geschichte der Chirurgie, die in der Zeit der Aufklärung begierig aufgegriffen wurde, als man der Kirche aus leidvoller Erfahrung jede fortschrittsfeindliche Schandtat zutraute.[38] 1215 hat das Laterankonzil unter Innocenz III. (1198 bis 1216) im Canon XVIII erstmals eine eindeutige Stellungnahme nicht nur gegen das Studium der Medizin, sondern auch gegen die Ausübung des blutigen Handwerks der Chirurgen durch Kleriker abgegeben und sie wieder mit dem Juraverbot verknüpft und sogar ein Duellierverbot für Kleriker für nötig gehalten (*De juridico et sanguinis et duellis clericis interdicto*). Danach durften weder Diakone, noch Subdiakone, noch Priester schneiden und brennen, die damals übliche Therapie der Wundbehandlung. Spätere Beschlüsse durch Honorius III. (1216 bis 1227), Clemens IV. (1265 bis 68) und Bonifaz VIII. (1294 bis 1303) bestätigten diese Verbote. Ihre wiederholte Erneuerung zeigt, dass der Ausschluss der Kleriker von der medizinischen Praxis nicht ohne Widerstand über die Bühne ging.[39] Alle Beschlüsse, und das muss ausdrücklich festgehalten werden, richteten sich nicht gegen Bader oder Chirurgen und auch nicht gegen die Durchführung von Sektionen, sondern ausschließlich gegen Kleriker, die Medizin praktizierten, statt sich auf die Verbreitung des Glaubens zu konzentrieren, als die Christenheit in zahllose Sekten zerfiel und sich die Auseinandersetzungen zwischen Papsttum und weltlichen Mächten zuspitzten. Die Beschlüsse liefen darauf hinaus, die Medizin zu einer rein weltlichen Angelegenheit zu machen und sie den an Universiäten ausgebildeten Ärzten, den im Allgemeinen noch selbst trainierten Chirurgen und den analphabetischen Badern zu überlassen.

Der allmähliche Rückzug der Kleriker fiel zeitlich mit den zaghaften Ansätzen zu eigenen Beobachtungen zusammen. Die Schriften antiker Autoritäten wie Hippokrates (460 bis 370 v. Chr.) und Galen (ca. 129 bis 215 n. Chr.) und der medizinische Kanon des Persers Ibn Sina (Avicenna, 980 bis 1037 n. Chr.) blieben noch lange der Referenzrahmen für das, was Professoren und Studenten zu sehen bekamen, wenn sie ganz vereinzelt von Chirurgen oder Badern Sektionen durchführen ließen. Der berühmte Pathologe des 19. Jahrhunderts, Rudolf Virchow, sprach in einem 1894 gehaltenen Vortrag sogar davon, dass sie mit ihrem »anatomischen Dogma« nach und nach die Stellung wirklicher Kirchenväter einnahmen.[40] Die Anfänge für das Medizinstudium waren so bescheiden, dass es noch zweihundert Jahre dauerte, bis mit Andreas Vesalius (1514 bis 1564) in Bologna der erste Anatom Sektionen an menschlichen Leichen zur Grundlage medizinischer Erkenntnis machte, die von Galen praktizierten Sektionen an Tierkadavern als untauglich verwarf und durch detailgenaue Zeichnungen ein realistisches Verständnis der Funktionen des menschlichen Körpers einleitete.

Es wird wohl nie zu klären sein, ob das Verbot des Papstes Bonifatius VIII. von 1300, Tote aufzuschneiden, auszuweiden und ihr Fleisch mit dem Ziel zu kochen, die Knochen zu konservieren (die Bulle *De sepulturis* – über Begräbnisse), eine Auswirkung auf die restriktive Handhabung der Sektionen für Unterrichtszwecke gehabt hat. Bonifatius reagierte damit auf eine anscheinend weit verbreitete Praxis der Kreuzfahrer, die Knochen der in der Fremde Verstorbenen mit nach Hause nehmen wollten, um sie in heimischer Erde zu begraben.[41] Jedenfalls gab es trotz dieses Verbot eines Bestattungsbrauchs wenig später die erste gerichtsärztlich dokumentierte Autopsie in Bologna. Der Arzt Bartolomeo da Varignana hatte zusammen mit einem Kollegen und drei Chirurgen 1302 vom Untersuchungsrichter den Auftrag bekommen, die Todesursache eines plötzlich Verstorbenen zu klären. Von einem kirchlichen Verbot von Sektionen, das strikt angewandt und durch Androhung von Strafen durchgesetzt wurde, kann auf keinen Fall gesprochen werden. Das zeigt auch die weitere Entwicklung der universitären Praxis.

Sie wurde von Leuten wie dem italienischen Arzt Guglielmo da Saliceto (Guilelmus Placentius, ca. 1210 bis ca. 1280) vorbereitet. Er hatte in Bologna studiert und praktizierte danach trotz der wiederholten päpstlichen Dekrete als Priester-Arzt in Mailand und Piacenza. Das ist so ziemlich alles, was wir über sein Leben wissen, obwohl er der wichtigste Chirurg seines Jahrhunderts und zum Vorbild für die unumstrittene Größe des 14.

Jahrhunderts, den Chirurgen Guy de Chaulliac wurde. Saliceto beschrieb in *Summa conservationis* (Fazit dessen, was festzuhalten ist) klinische Fälle am Krankenbett, die Melancholie, Fälle vermehrter *Diurese* (Harnausscheidung) und prophylaktische Methoden. Er unterwarf die von den Arabern gelehrte *Kauterisation* (Ausbrennen) von Wunden einer genauen Prüfung, wandte sich gegen unnütze Applikation von Wachs, Salben o.ä., wenn der Heilungsprozess von selbst läuft, gegen eine gefährliche Anwendung in der Nähe von Nervengewebe und gegen eine zu frühe wiederholte *Kauterisation* und gegen eine noch auf magischem Denken beruhende angebliche jahreszeitliche Beschränkungen für die Methode. Allen Einwänden lagen vielfach geprüfte eigene Erfahrungen zugrunde. Im Vorwort zu seiner Chirurgie wehrte er sich gegen die ungebildeten Bader, die ohne Kenntnisse der Anatomie und »allgemeiner Prinzipien« unnützerweise dem Leben des Kranken ein Ende setzen. Dabei gelang ihm eine lebendige Beschreibung des Spannungsverhältnisses zwischen Theorie und Praxis:

> »Dieser Fundus des Wissen verbindet sich unter anderem mit den Grundlagen der Chirurgie durch praktische Erfahrung in speziellen Operationen bei speziellen Fällen. Die praktische Erfahrung alleine ist für viele die Art und Weise geworden, Chirurgie zu praktizieren. Sie operieren ohne rationale Motive und mit fehlerhaften Techniken. Es sind die Ungelernten, die von anderen Ignoranten gelernt haben; sie haben weder eine Ausbildung bei Meistern genossen noch irgendein formelles Studium absolviert, und sie kennen die Proportionen und Dispositionen der Körperteile nicht, noch haben sie die Zeichen von Krankheiten gelernt. Sie erkennen nicht, ja ahnen nicht einmal die Bedeutung dessen, was sich ihren Sinnen darbietet.«[42]

Der »Fundus des Wissens« und die »allgemeinen Prinzipien«, das waren Hippokrates, Galen und Avicenna. Sie waren der Leitfaden für das, was es zu sehen galt. Ohne sie, so Saliceto, sah man nichts und begriff nichts. Aus seiner 1275 fertig gestellten *Cyrurgia* muss man auf Grund seiner anatomischen Kenntnisse selbst des Bauchraums schließen, dass er auch Sektionen an Leichen vorgenommen hat, ob nur an tierischen oder auch an menschlichen Kadavern, lässt sich nicht eindeutig klären. Jedenfalls hatte er ein klares Bewusstsein davon, dass die Praxis von der Kenntnis des menschlichen Körpers und der Wirkung der angewandten Therapie begleitet sein muss, wenn sie nicht Schaden anrichten soll.

In Bologna gab es 1316 eine erste Schritt-für-Schritt-Anleitung zur Durchführung von Sektionen mit *Anathomia Mundini* des Mundino di Luzzi (1270 bis 1326). Sein Werk war in Italien bis Andreas Vesal äußerst populär. Es gibt 39 gedruckte Ausgaben, die erste in Paris 1478. Während dreier Jahrhunderte habe man die medizinischen Schulen »tyrannisch« (Castiglioni) verpflichtet, das Buch zu benutzen. Für die Universität von Padua ist das bis 1650 nachzuweisen, als sich andernorts längst die empirische Exaktheit Vesals durchgesetzt hatte.

Mondino hat seine ersten beiden Sektionen 1315 an Frauen durchgeführt, wie er selbst im Kapitel über den Uterus mitteilte. Die Gebärmutter der einen war fast doppelt so groß wie die der anderen. Obwohl er diese Beobachtung selbst gemacht hat, hielt er an einem alten Mythos fest, dass die Gebärmutter aus sieben Zellen bestünde. Er stammte aus der Medizinschule von Salerno, in der nur Schweine seziert wurden, die im Schnitt 2x7 Zitzen haben und sieben Ferkel werfen. Mondino sagte auch, der Uterus habe zwei Hörner. Auch diese Beobachtung stammt aus der Tiernanatomie: Kühe, Pferde und Schweine haben einen *Uterus bicornis*, beim Menschen ist das eine nicht allzu häufige Anomalie[43] (Abbildung 15). Bei Mondino zeigt sich deutlich das Problem, dass auch ein Fundus

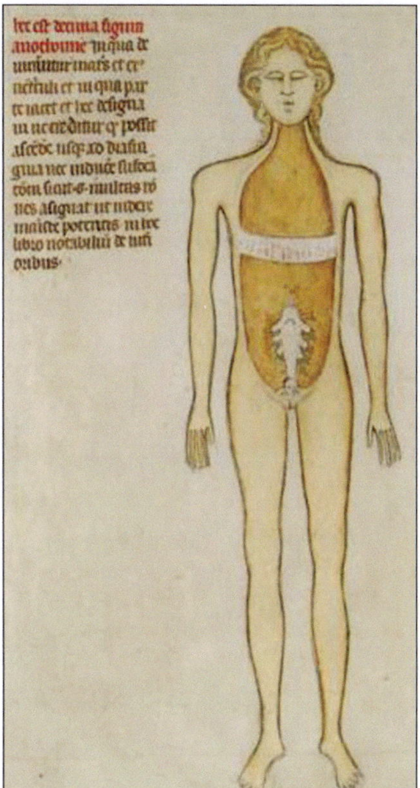

Abbildung 15: Eine Gebärmutter mit sieben Zitzen (eine Zitze ist frontal angedeutet) aus der Anothomia Philippi septimi, Francorum regis, designata per figuras des Guido da Vigevano, französisch Guy de Pavie (ca. 1280 bis nach 1350) von 1345. Musée Condé Chantilly Ms 569. Von den ursprünglich 24 Abbildungen sind 18 verloren. Vigevano war ein Schüler Mondinos, Leibarzt der Jeanne de Bourgogne. In Vorbereitung eines Kreuzzuges entwarf er für Philipp VI. einen Kampfwagen mit Kurbelantrieb und einen mit einen Windmühlenantrieb, die die Angreifer unabhängig von Zugtieren machen und die Gegner verwirren sollten. Wie der Maler Giotto, der sich als Baumeister betätigte, ist auch der Arzt Vigevano als ein Vorläufer der Künstler-Ingenieure der Renaissance zu betrachten, dessen berühmtester Vertreter Leonardo da Vinci ist.

an Wissen nicht automatisch dazu führt, das zu sehen, was zu sehen ist. Es entsteht eher der Eindruck, dass das gesehen wird, was auf Grund der anerkannten Autoritäten gesehen werden soll. Dazu passt, wie der Unterricht in Anatomie bei Mondino in der Regel ablief, den A. Castiglioni in seiner *Histoire de la Médicine* eindrucksvoll schildert:[44]

> »Der Vorlesende hielt in seiner Hand den klassischen Text, der notwendigerweise die Grundlage der Lehre bildete, indem er die wichtigsten Passagen vorlas und mit gelehrten Kommentaren begleitete. Der Sezierer machte die verlangten Schnitte und der Lehrer zeigte mit der Spitze eines Stockes auf die Teile, die der Sezierer gerade freilegte. Galen war bis Mondino in der Anatomie die unbestrittene Autorität, da er jedoch oft in einer aus dem Arabischen übersetzten Version gelesen wurde, waren die Schwierigkeiten der Interpretationen zahlreich, und die unterschiedlichen Interpretationen der Kommentatoren groß, wie uns das Berengario da Capri noch zweihundert Jahre später beobachten lässt. Sobald sich der Meister bewusst geworden war, dass es ihm nicht möglich war, die Realität der Fakten mit den Auffassungen Galens in Einklang zu bringen, begnügte er sich damit, anzunehmen und zu bestätigen, dass der Text Galens von den Arabern geändert wurde, von den Übersetzern und den Kopisten« (Abbildung 16).

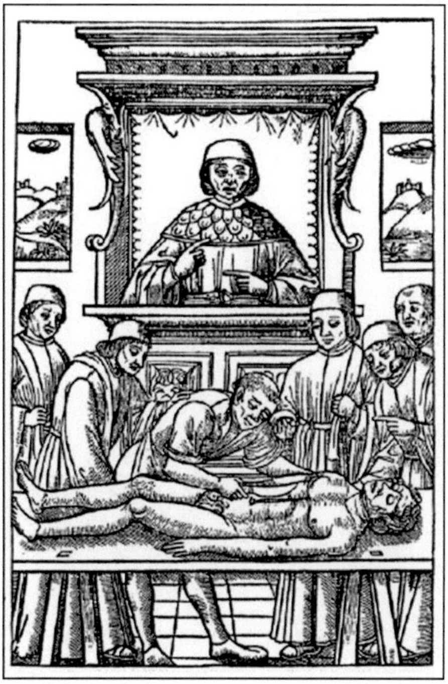

Abbildung 16: Anathomia Mundini. Genf 1519.

Jacobo Berengario da Carpi (1470 bis 1530), war Anatom in Bologna und hat sein eigenes Werk in Auseinandersetzung mit Mondino geschrieben, wie auch Vesal seine *Fabrica*, mit der er die Anatomie revolutionieren wird. Auch das zeigt die große Bedeutung, die Mondino jahrhundertelang hatte.

Das eigentliche Problem der ersten sezierenden Mediziner dürfte allerdings gewesen sein, dass sie Galen noch lange nicht das Wasser reichen konnten. Um 1300 kannten sie ihn gerade einmal 100 Jahre auszugsweise aus den Übersetzungen des Gerhard von Cremona (1118 bis 1187) aus dem Arabischen[45] (u.a. *De ingenio sanitatis, De complexionibus*) und des Wilhelm von Moerbeke (1215 bis 1286) aus dem Griechischen (*De alimentis*). Über 50 Schriften Galens wurden erst von Nicolò da Reggio (1280 bis 1350) in der Zeit von 1308 bis 1345 direkt aus dem Griechischen übersetzt.

Die Liste der Galenübersetzung des Gerhard von Cremona enthält kein einziges anatomisches Werk Galens. Es stand also den ersten Sezierern gar nicht zur Verfügung. In einem Manuskript der *British Library*, dem sogenannten »neuen Galen«[46], der im 14. Jahrhundert zum Universitätskanon wurde, findet sich *De usu partium corporis humani* (Über den Gebrauch der Glieder des menschlichen Körpers) noch als *De iuvamentis membrorum* (Über die Hilfsmittel der Glieder). In dieser Form war es im 12. Jahrhundert unvollständig und fehlerhaft von nicht immer zu identifizierenden Übersetzern aus dem Arabischen übertragen worden. Erst Niccolò da Reggio hat aus dem Griechischen übersetzt und dem Traktat den später gebräuchlichen Titel *De usu partium corporis humani* gegeben, also frühestens 1308.

Die meisten Fehler haben wohl die lateinischen Kopisten gemacht, die nicht verstanden, was sie abschrieben, oder ihre Auftraggeber, die wegließen, was sie für unnötig oder anzüglich hielten. Solche Auslassungen und Fehler finden sich noch in den weit verbreiteten gedruckten Ausgaben. Auch heute ist es kaum möglich, das gigantische Gesamtwerk Galens zu überblicken, ca. 500 verschiedene Traktate werden ihm zugeschrieben, und nicht immer ist klar, wer sie übersetzt hat. Es kursierten vom gleichen Text Übersetzungen verschiedener Autoren, sodass allein deshalb keine Eindeutigkeit zu erzielen war.

Das für die Durchführung von Sektionen entscheidende Werk Galens, *De anatomicis administrationibus* (Über das Vorgehen bei Sektionen) wurde erst über ein Jahrhundert später von dem in Italien wirkenden Griechischlehrer Demetrius Chalcondylas (1423 bis 1511) übersetzt und 1529 vom Bolognesischen Anatom Jacopo Berengario da Carpi herausgegeben. Auch der Lehrer des revolutionären Anatomen Vesalius, Johannes Guinterius (1505 bis 1574), eigentlich Johann Winter aus Andernach, Medizinprofessor an der Sorbonne, übersetzte den Text Galens, in dem dieser am Beispiel von Tiersektionen das Vorgehen detailliert schildert. Es wird für Vesalius der Schlüssel für ein systematisches Vorgehen bei seinen eigenen Sektionen, die sich über sechs Tage erstreckten, Tiersektionen wegen fortschreitender Verwesung menschlicher Leichen einschlossen. Diese hervorragende Anleitung Galens stand den frühen Anatomen nicht zur Verfügung.

Galen hat in seinen Tiersektionen sehr viel genauer beobachtet und ist viel systematischer vorgegangen als die ersten Anatomen des Mittelalters bei ihren Sektionen menschlicher Leichen. So hat er z.B. das Herz und das Gefäßsystem in verschiedenen Teilen seines Werkes, vor allem in *De usu partium*, ziemlich gut dargestellt. Es fehlten selbst die Herzklappen und die Herzkranzgefäße nicht. Und er unterschied sehr genau an Hand der Beschaffenheit der Wände Venen von Arterien, bemerkte, dass die Lungenvene wie eine Arterie und die Lungenarterie wie eine Vene aussah, erkannte die hellrote Farbe des arteriellen Blutes als mit *Pneuma*, Luft aus der Lunge angereichert und sah im Blut das Transportsystem für die Ernährung der Organe. Er legte damit die Grundlage für eine Gesamtbetrachtung des Herz-Kreislaufsystems, an der sich noch William Harvey, der Entdecker des Blutkreislaufs 1628 abarbeitete.[47] Der große Irrtum des Galen war die Annahme von Poren in der Herzscheidewand, die er brauchte, um das venöse Blut von der rechten in die linke Herzkammer zu transportieren. Auf die Idee, dass der Transport über die Lunge erfolgt, ist er nicht gekommen, weil in seinem Säftesystem ohne Poren kein Austausch möglich war, so dass er sie mit einer abenteuerlichen Erklärung zu sehen glaubte:

> »Die Zwischenwand, die die Herzkammern trennt, ist von Löchern durchsetzt, die man als Höhlen ansehen kann. Es ist eine weite Öffnung, die sich verjüngt. Leider kann man die äußerlichen Enden nicht sehen, weil sie sehr zart sind. Sobald das Lebewesen tot ist, ist alles erkaltet und verfallen (...).«[48]

Galen hat so selbst ein Beispiel dafür geliefert, wie die Idee dessen, was man zu sehen wünscht, stärker ist als das, was man sieht, und das nicht Gesehene mit plausibel konstruierten Erklärungen trotzdem sichtbar gemacht werden kann. Nicht alle sind ihm gefolgt. So war Ibn an Nafis (1210 bis 88), der leitende Arzt des Al-Mansouri-Hospitals in Kairo, in seinem anatomischen Kommentar zum Kanon des Avicenna der Meinung, dass die Herzkammern keineswegs porös sind, wie von Galen angenommen, sondern dass »der Weg des Blutes in die linke Herzkammer über die

Lunge« geht.[49] Seine Auffassung wurde offensichtlich nicht wahrgenommen, denn diese wichtige Entdeckung des kleinen Blutkreislaufes blieb bis Harvey ohne Folgen, trotz seiner Wiederentdeckung durch Michael Servetus um die Mitte des 16. Jahrhunderts. Ein starkes System wie das des Galen ist durch einzelne Beobachtungen oder kritische Einwände nicht zu stürzen. Es fällt erst durch ein neues, das für viele Einzelbeobachtungen und Kritikpunkte ein schlüssiges Erklärungsmuster findet.

Wie schwer es war, sich von überlegenen Autoritäten zu lösen, zeigen auch die wenigen Illustrationen, die in den letzten Jahren des 13. und in der ersten Hälfte des 14. Jahrhunderts entstanden sind. Es sind schematisierte Darstellungen des menschlichen Körpers oder von Szenen einer Sektion (Abbildungen 17, 18, 19, S. 58 und 59). Gemessen an der lebendigen Mimik der Figuren an den Portalen spätromanischer Kirchen oder an der Kanzel des Giovanni Pisano in der Kathedrale von Pisa, die ein feines Gespür der Steinmetze für lebensechte Darstellung dokumentieren, wirken die unbeholfenen anatomischen Abbildungen beinahe wie eine Abkehr von der Realität. Der Zugang zu ihr war anscheinend blockiert, sobald der Körper geöffnet wurde, und der Versuch, sie darzustellen, erschöpfte sich in groben Umrisszeichnungen, schematischen Organbeziehungen oder kursorischen Illuminationen geöffneter Bauchdecken.

Dafür gibt es mehrere Gründe. Ein praktischer war der schnelle Zerfall der oft spät zur Verfügung stehenden Leichen von Hingerichteten, die nicht konserviert wurden, wie das gelegentlich mit der Einbalsamierung von sterblichen Überresten hochgestellter Persönlichkeiten geschah, so dass die Beteiligten froh waren, wenn sie mit einem schnellen Blick auf halbverweste und martialisch stinkende Organe die Prozedur beenden konnten. Nicht umsonst saß der Maestro weit ab vom Geschehen auf dem Stuhl eines erhöhten Podestes und zeigte mit einem Stock auf das Organ, das er gerade aus den Schriften des Kanons vorlesend beschrieb, während Bader und Chirurgen unter ihm das abstoßende Handwerk erledigten. Oder man verlegte die Sektion wie in Paris gleich ins Freie (Abbildung 20, S. 60). Ein weiterer praktischer Grund war die geringe Zahl der Sektionen, die von Seiten der Behörden zu genehmigen und an die Herausgabe von Leichen gebunden waren. Diese wenigen Sektionen wurden als Schauspiel geboten, an dem nicht nur einige Studenten, sondern auch interessierte Personen aus den höheren Kreisen teilnehmen konnten. Der Ort des Geschehens wurde später *theatrum anatomicum* genannt und musste mit einengenden, steilen Rängen wie in Padua ein Kollabieren der Zuschauer verhindern (Abbildung 21, S. 61). Das waren alles keine günstigen Voraussetzungen für ein forschendes Sezieren.

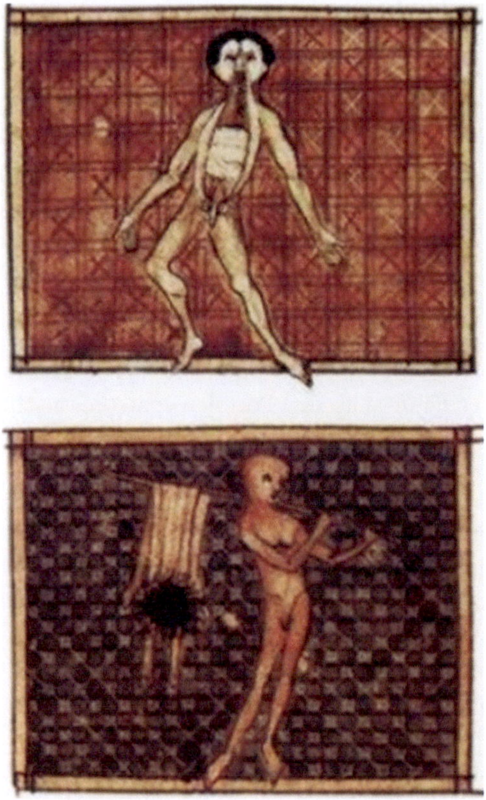

Abbildung 17: Henri de Mondeville, Cyrurgie. Bibliothèque Nationale de France (BNF) Ms français 2030, fol 9 v bis 29 r. (1314). Mondeville (ca. 1260 bis 1316) stammte aus der Normandie und war der Chirurg Philipps des Schönen und seines Nachfolgers Ludwig X., dessen Leichnam er einbalsamierte. Er soll für seinen Anatomieunterricht erstmals Demonstrationstafeln benutzt haben. Mondeville hat sein lateinisches Orginal aus den Jahren 1302 bis 1312 selbst ins Französische übersetzt und die erste französische Fachsprache der Chirurgie entwickelt. 14 Miniaturen begleiten den Text.

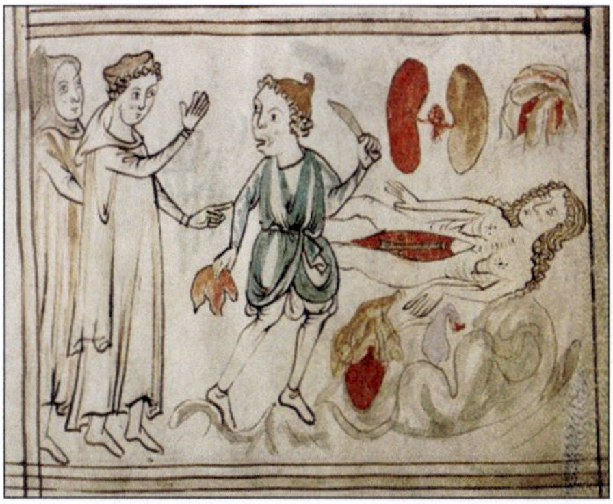

Abbildung 18: Aus einer Sammelhandschrift mit Texten u.a. von Constantinus Africanus, Galen, Aristoteles, der Schule von Salerno mit zahlreichen Illustrationen. Die Obduktion stammt aus einer Serie von vier Bildern, die den Krankheitsverlauf einer Frau verfolgen und die anscheinend keine direkte Beziehung zum Text haben. Das Obduktionsbild gehört zum *Liber de stomacho et intestinorum infirmatibus* (Buch über die Krankheiten von Magen und Darm) des aus Karthago stammenden Arztes Constantinus Africanus (1017 bis 1087), der im Kloster Montecassino in Süditalien zahlreiche Werke arabischer Medizin und Galens ins Lateinische übersetzte und den guten Ruf der Medizinschule von Salerno begründete. Die Sammelhandschrift stammt aus der zweiten Hälfte des 13. Jahrhunderts. Bodleian Library Oxford. Ms Ashmole 399, fol. 34 r. Medical writings, prescriptions and drawings.

Abbildung 19: Sektion einer männlichen Leiche. Das Manuskript der großen Chirurgie des Guy de Chauliac war im 16. Jahrhundert im Besitz eines praktizierenden Chirurgen und hat im täglichen Gebrauch gelitten. Am linken Rand sind noch die ein Buch haltenden Hände eines Vorlesers zu erkennen, so dass es sich um eine Sektion im Rahmen des Unterrichts gehandelt haben dürfte. Guy de Chauliac war der unumstrittene Meister der französischen Chirurgen im 14. Jahrhundert, der wie Saliceto vor ihm gegen die gewissenlose Einfalt parktizierender Bader wetterte. Guy de Chauliac, Cirurgia Magna. Bibliothèque Nationale de France (BNF). Ms. français 396, fol. 6v. Ende des 15. Jahrhunderts.

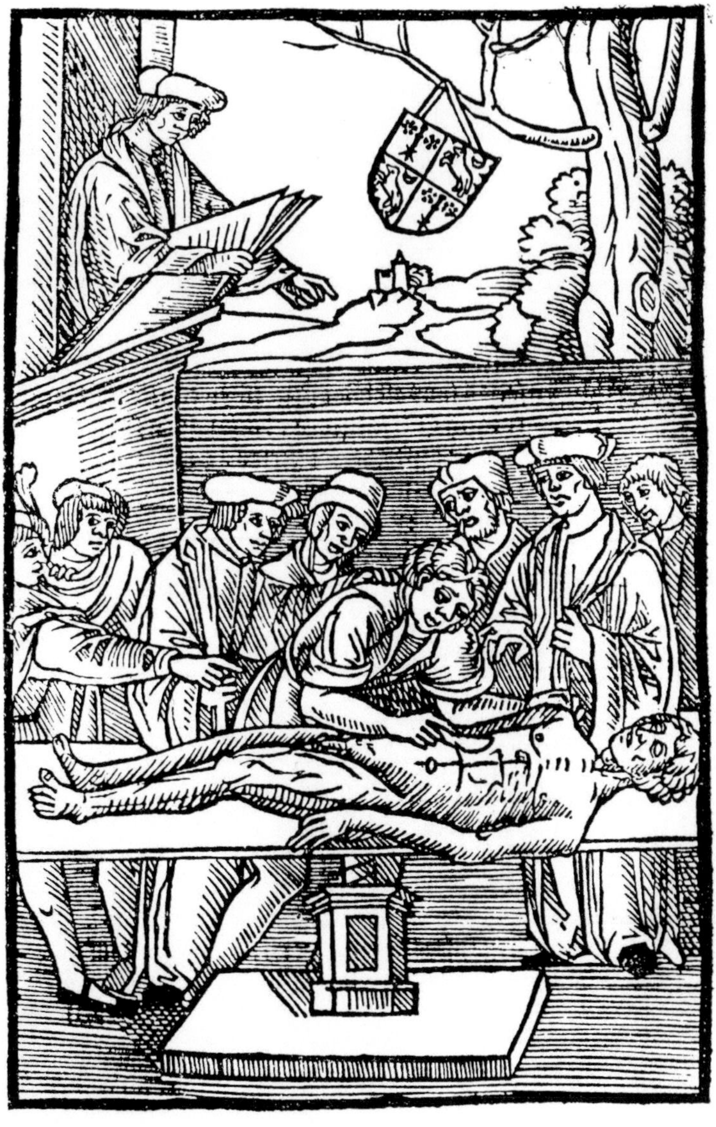

Abbildung 20: Sektion im Freien. Anathomie de Mondin. Paris 1532.

Abbildung 21: Das erste Theatrum anatomicum war das von Padua 1594. Kupferstich aus: J. Ph. Tomasini Gymnasium Patavium. Udine 1654.

Engpässe der Versorgung mit Leichen sind früh dokumentiert. In Bologna wurden 1319, nur wenige Jahre nach der Aufnahme der Sektionen für Unterrichtszwecke, mehrere Ärzte und Studenten angeklagt, weil sie die Leiche eines Hingerichteten aus dem Kirchhof entwendet hatten.[50] Sie wurden nicht wegen der Sektion, sondern wegen der Exhumierung aus geweihter Erde verurteilt. Abgesehen von diesem makabren Brauch des Leichenraubs, der sich über viele Jahrhunderte in vielen Ländern beobachten lässt, dokumentieren diese Versuche ein gesteigertes Interesse an eigenen Untersuchungen, für das selbst das Risiko eines Richterspruchs eingegangen wurde, und die Komplizenschaft von Professoren und Studenten, die ihre Neugier bandenmäßig organisierten. Es flossen Bestechungsgelder an Leichenträger und Friedhofswärter. Der spätere Baseler Anatom Felix Platter lieferte 1554 eine Reportage eines Leichenraubs aus dem Klosterfriedhof St. Denis in Montpellier, bei dem ein reicher, mit einem Schwert bewaffneter Bürger der Stadt und ein verkleideter Mönch mitspielten. Der spektakuläre Raub hatte zur Folge, dass die Mönche, immer wenn sie einen Studenten zu Gesicht bekamen, »mit dem Flitzebogen aus dem Kloster schossen«. Vesal hat sich etwa zur gleichen Zeit auf dem Schindanger sogar mit Hunden um Leichenteile gestritten und wäre dabei fast zerfleischt worden. Die Heimlichtuerei hat bestimmt nicht zu einer gelassenen und genauen Untersuchung des Leichnams beigetragen, der nach getaner Arbeit in einer Nacht- und Nebelaktion so schnell wie möglich wieder auf den Kirchhof gebracht wurde. Aber auch so kamen mit der Zeit viele Beobachtungen zusammen, die der Schriftgläubigkeit des Mittelalters ein Ende setzten und mit beweiskräftigen anatomischen Abbildungen ein wissenschaftliches Niveau erreichten.

Rechenmeister

Es ist eine Binsenwahrheit, dass die Einführung der indisch-arabischen Ziffern die Voraussetzung für vereinfachte Rechenverfahren war. Mit den griechischen Zahlen, die ihrem Alphabet entsprungen waren, und den römischen Zahlenbuchstaben, beide ohne Stellenwertsystem und ohne Null, ließ sich nur mit Hilfe der Finger, mit Rechensteinen und Abakus rechnen. Was mich hier interessiert, sind die Kanäle, über die das neue Verfahren Fuß gefasst hat und worauf die Interessen derjenigen beruhten, die es im Abendland eingeführt haben. Denn erst in der Verbindung mit der Mathematik wurden aus Handwerk angewandte Wissenschaft und aus wissenschaftlicher Spekulation wissenschaftliche Präzision.

Paul Benoît nennt seine Untersuchung der Rechenschulen und ihrer Methoden »Rechnen, Algebra und Warenhandel«.[51] Man könnte auch sagen »Rechenmeister und Handelskontore«, so eng waren die Beziehungen zwischen beiden in den Handelsstädten Norditaliens. Die ersten öffentliche Schulen wurden 1265 in Bologna, 1279 in San Gimiagno, 1277 in Verona, 1312 in Siena, 1345 in Savona und Lucca, und 1373 in Genua eingerichtet.[52] In Florenz und Venedig waren sie von Anfang an privat. Man nannte sie *botteghe dell'abaco*, Rechenwerkstätten, eine sehr gute Beschreibung ihres Charakters als Lernort für das Handwerkszeug Mathematik.

Der erste dokumentierte Vertrag eines Rechenmeisters ist der zwischen der Stadt Pisa und Fibonacci (Leonardo da Pisa) ca. 1240, die ihm ein Jahresgehalt von 20 Lire aussetzte, weil er städtischen Angestellten das Rechnen beibrachte, Steuereinnahmen schätzte und die Rechnungen für die Stadt und ihre Amtsträger überprüfte. Die Angabe des Gehaltes in Lire ist schon ein Hinweis auf ein entwickeltes Finanzwesen. Denn die Lire war keine geprägte Münze, sondern eine Rechnungseinheit der Prägestätten und ein Handelsgewicht. Sie geht auf Bologna zurück. Dort rechnete man schon früh im Mittelalter mit zweierlei Geld, den Münzen und dem Buchgeld. Es gab die geprägten Bolognini piccioli und die Bolognini grossi. 12 piccioli ergaben einen Soldo und 20 Soldi eine Lira. Soldo und Lira waren nicht als Münzen im Umlauf. Das waren nur die piccioli und die grossi im Verhältnis von 1:12.[53] Fibonacci wären in Bologneserwährung danach 20 x 20 x 12 gleich 4 800 piccioli oder 400 grossi Jahresgehalt bezahlt worden. Fibonacci hätte sie sofort in Pisanische Denare und Schillinge umgerechnet oder beim Einkauf von 100 rotuli Getreide in Sizilien gleich 12 000 Unzen oder soundsoviel Carubbe oder soundsoviel Gran mit Tareni bezahlt. In vielen Verträgen und Testamenten aus dieser Zeit gehen alle diese Angaben munter durcheinander. Man musste also ständig auf der Hut sein und rechnen. Das verworrene Münz- und Maßsystem, das den Handel behinderte, hat sicherlich zur schnellen Ausbreitung der Rechenschulen beigetragen.

Fibonacci (1170 bis 1240) wusste um die Schwierigkeiten aus eigener Erfahrung. Die wenigen Angaben über sein Leben, die wir von ihm haben, stammen aus dem Widmungsprolog seines Rechenbuches, des *Liber Abaci,* das er um 1202 in einer ersten, nicht erhaltenen Fassung geschrieben haben dürfte, dessen zweite überarbeitete Fassung er auf Bitten des Hofphilosophen Friedrichs II., Michael Scotus, 1228 schrieb und die in der Nationalbibliothek von Florenz aufbewahrt wird[54] (Abbildung 22). Danach hatte er in der reichen Stadt Bougie, dem heutigen Bejaia in Algerien, wo sein Vater Notar für die Pisaner Kaufleute war, das Rechnen mit den indo-arabischen Ziffern, den »neun Ziffern der Inder« gelernt, Studien an Handelsorten in Ägypten, Syrien, Griechenland, Sizilien und Südfrankreich folgen lassen und war schließlich in Konstantinopel von einem heute nicht mehr bekannten »hochgelehrten Meister« weiter unterrichtet worden.

Der *Liber Abaci* ist nach dem Willen des Autors ein theoretisch anspruchsvolles Buch, das sich in einem Drittel seines Umfangs mit Zahlentheorie und Irrationalitäten, mit Systemen von Gleichungen und verschiedenen Lösungswegen beschäftigt, darunter die berühmte Fibonacci – Folge, und das weit über den mathematischen Horizont seiner Zeitgenossen und den nachfolgender Generationen hinausging. Aber es ist auch ein sehr auf die Praxis von Handelsgeschäften ausgerichtetes Buch, in dem die einfachen Rechenverfahren bis hin zum Bruchrechnen und dem Rechnen mit Quadrat- und Kubikwurzeln an Beispielen gelehrt werden. Er behandelt den Dreisatz beim Warentausch und -verkauf, die Umrechnung von Währungen und die Legierungen des Geldes, von Maßen und Gewichten, die Mengen des Viehfutters, den Pferdekauf, die Gewinnaufteilung nach eingesetztem Kapital, die Zinsrechnung und vieles andere.

Es gibt aus dem 13. Jahrhundert nur eine Handvoll Abschriften, denen bis ins 16. Jahrhundert noch eine weitere Handvoll folgten. Erst im 19. Jahrhundert wurde es erstmals gedruckt. Danach wäre seine Wirkung gering gewesen. Sie war es zunächst aber nur für die sehr anspruchsvolle Seite seiner Ausführungen. Die Hauptwirkung entfaltete es über Fibonacci selbst, der zum ersten dokumentierten Rechenmeister des Abendlandes wurde und in den Handelsstädten Italiens sehr schnell Nachahmer fand. Die Nachfrage war enorm, als sich die Geschäftstätigkeit international ausweitete und der Warenhandel über Kredit- und Wechselgeschäfte,

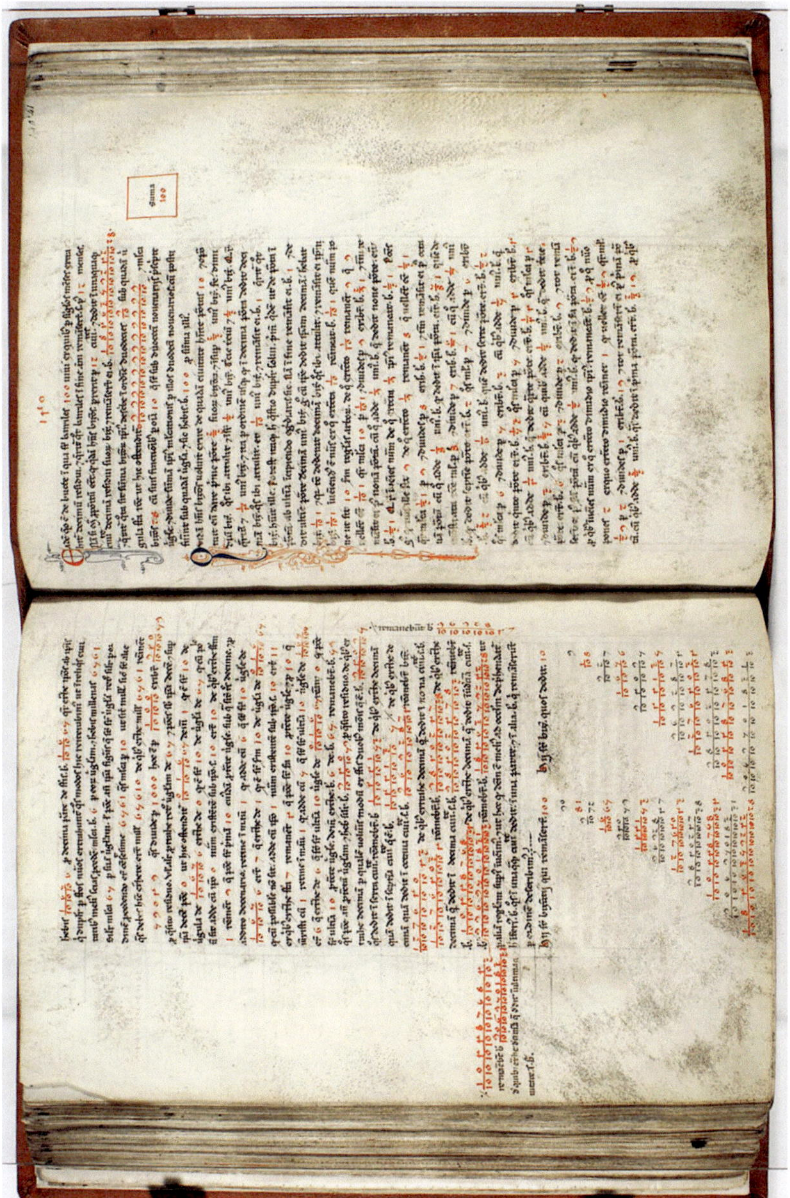

Abbildung 22: Eine Doppelseite aus dem *Liber abaci* des Leonardo da Pisa (Fibonacci) von 1228. Ms. Biblioteca Nazionale di Firenze, Codice magliabechiano cs cI, 2626. Fol. 40 v, Fol. 41 r.

Rückversicherungen und bargeldlose Verrechnung abgewickelt wurde. Im Zentrum des Schwungrades lagen die Tuchindustrie der Toskana, der englische Wollexport und der Handel mit sizilianischem Getreide. Aus dem Orient kamen Seide, Pfeffer und das für die Färberei wichtige Alaun.

Obwohl die Kirche Zinsgeschäfte verboten hatte – »Wucher ist all das, was bei einem Leihgeschäft über die Leihgabe selbst hinaus zurückverlangt wird« (Dekret *Consuluit* Urban III. von 1187)[55] –, waren sie Alltag. Man nannte sie Entschädigung für entgangenen Gewinn oder nutzte bei Wechselgeschäften in andere Währungen Kursschwankungen aus, die zu Messezeiten einigermaßen kalkulierbar waren. Fibonacci bietet ohne Skrupel Beispiele für Zinsrechnung an, die eindeutig unter das kirchliche Verbot fallen: Verzinsung einer vorgeschossenen Miete, Verzinsung eines Vorschusses beim Häuserbau, sogar schlichten Geldverleih. Der Zinsgewinn ist in allen Beipielen beachtlich: Zwischen 10 und 20 Prozent.[56] Bei Rechnungen mit verschiedenen Maßsystemen benutzt er als Näherungsverfahren den aufsteigenden Kettenbruch, wofür er noch heute gefeiert wird.

Die großen florentinischen Tuchproduzenten wuchsen schnell in internationale Handelsgeschäfte hinein, die sie über eigene Banken abwickelten. Am bekanntesten sind die Bardi und Peruzzi, die in den ersten Jahrzehnten des 14. Jahrhunderts ein märchenhaftes Vermögen ansammelten. Sie waren aus Familienkorporationen hervorgegangen und hatten bald andere Kapitalgeber aufgenommen. Dantes Beatrice war die Tochter des Bankiers Folco Portinari und verheiratet mit dem Bankier und Ritter Simone de'Bardi. Und der Vater Boccaccios arbeitete für die Niederlassung der Bardi in Neapel. Sie waren auch große Kunstmäzene, was bei Giotto noch näher beleuchtet wird.

Die Aufteilung der Kapitalien, die Berechnung von Gewinnen, die Kosten für den Waren- und Geldtransfer und die damit verbundene Vertrags- und Versicherungskultur, eine genaue Kenntnis der Legierungen von Münzen in Geldwechselgeschäften benötigte zahllose des Rechnens kundige Helfer. Ähnlich sah es in den großen Handelsstädten Pisa, Venedig und Genua aus, die die Risiken des Seetransports, den Bau der Schiffe, Wechselgeschäfte in den Häfen, ihre koloniale Expansion und kriegerisch ausgetragene Konkurrenz und Kreuzzüge organisieren mussten (Abbildungen 23 und 24). Die Geldgier der Potentaten tat ein Übriges, die Geldgeschäfte auszuweiten, allen voran die Kurie: »Die Kurie befand sich ja in ihrer Epoche des schärfsten Zentralismus und Fiskalismus und verstand es, mit einem weitgedehnten, bis ins kleinste durchorganisierten Verwaltungsapparat die Kirchen aller europäischen Länder zu umfangreichen und regelmäßigen finanziellen Leistungen heranzuziehen. Die von den

Abbildung 23: Verkauf eines Schiffes. Illumination aus: Decisions of Isaiah of Trani the Younger (Pisqei Rabbi Yeshayah Aharon). Isaiah di Trani war Talmudist und Kommentator der Bibel für die Rabbiner, der als erster italienischer Jude eine rationale, von allegorischen Interpretationen freie Exegese versuchte. Illuminiertes hebräisches Manuskript. British Library. Oriental 5024. Fol. 225v. Bologna oder Rimini 1374.

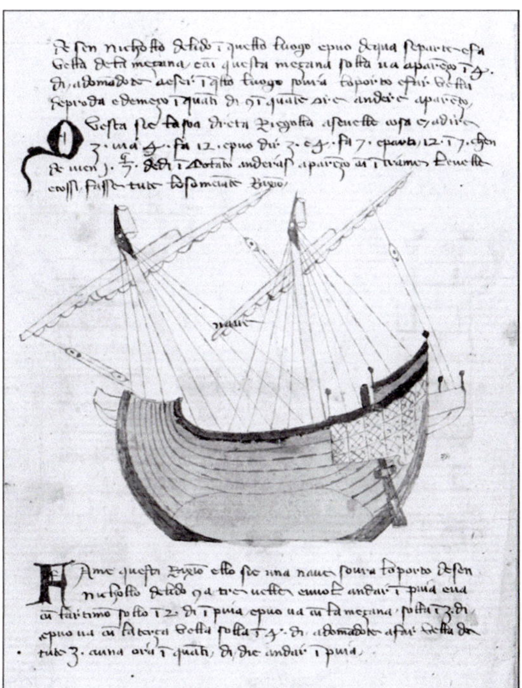

Abbildung 24: Eine Seite aus dem Handbuch des venetianischen Händlers Zibaldone da Canal, 1. Hälfte 14. Jahrhundert. Solche Sammelschriften wurden über einen längeren Zeitraum mit neuen Beobachtungen ergänzt. Sie enthielten Rechenverfahren, Anweisungen für die Buchhaltung, Maße, Gewichte, Wechselkurse, Abfahrtszeiten von Schiffen und nicht zuletzt den Verhaltenscodex eines ehrbaren Kaufmanns. Merchant's commonplace book. New Haven, CT, Beinecke Rare Book & Manuscript Library, MS 327.

päpstlichen ›Kollektoren‹ gesammelten Gelder gingen aber großenteils durch die Hände der Bankiers«, schreibt Seidlmayer in seiner Geschichte Italiens.[57] Dieses Geld konnte bis zum Transfer als Spielmaterial für weitere Geschäfte eingesetzt werden.

Der Boden für die Rechenschulen war bereitet. Sie hatten bald eine Art *curriculum*, oder der Inhalt dessen, was durch die Rechenmeister im Schuljahr gelehrt werden sollte, wurde in Einzelverträgen akribisch festgehalten. Die Methode des Pisaner Maestro Cristoforo di Gherardo di Dino[58] war in der ersten Hälfte des 15. Jahrhunderts: Die in der Mehrzahl 10- bis 15-jährigen Schüler sollten zuerst die Zahlen schreiben lernen, dann die Zahlen mit der Fingermethode und auf dem Rechenbrett darstellen, Kopfrechnen und schließlich in einem Heft Addieren, Subtrahieren, Multiplizieren, Dividieren und Bruchrechnen üben. Das klingt einfach, verlangte aber permanentes Zahlenjonglieren im Kopf. Nicht umsonst wurde der, der sie beherrschte, hoch angesehen. Es wird noch Jahrhunderte dauern, bis konsequente Positionierungen nach Stellenwert die Grundrechenarten kinderleicht machten. Das war selbst in Adam Rieses berühmtem Rechenbüchlein von 1574 noch nicht durchgehend der Fall.[59] Er konnte schon stolz die Ausdehnung mathematischer Methoden auf alle freien Künste verkünden, »daß nichts bestehen mag, so nicht mit gewisser zahl unnd maß vereint ist, daß auch kein freye kunst ohn gewisse Mensuren und Proportionen der zahlen seyn mag«.

Giovanni Villani berichtet in seiner Florentiner Chronik von 1000 bis 1200 Schülern, die 1338 in sechs Schulen Rechenunterricht erhielten – bei einer Einwohnerzahl von 100 000. Die Masse macht's. Sie stellte sicher, dass die Geschäfte liefen und führte mit der Zeit dazu, dass in diesem Milieu eines alltäglichen Kalkulierens Messverfahren und genaue Rechnungen auch in anderen Zweigen der *artes* Fuß fassten, wie sich das Adam Riese erhoffte. Generationen von Rechenmeistern vereinfachten, entdeckten geheimnisvolle Zusammenhänge zwischen den Zahlen, versuchten sich an Lösungen von Gleichungen höheren Grades und machten die Mathematik allmählich zu einem Handwerkszeug, das Probleme in vielen Wissenschafts- und Technikzweigen zu lösen half und in die Kunst Eingang fand. Der toskanische Maler Piero della Francesca (1420 bis 92) wird der erste sein, der Probleme des Raums und der Perspektive mathematisch behandelt und auch einen *Trattato d'abaco* geschrieben hat. Viele der Rechenmeister veröffentlichten muttersprachliche Traktate über Arithmetik und Geometrie, die fleißig kopiert wurden.

Fibonacci, den noch keiner richtig verstand, hatte schon vorgemacht, was aus Zahlen herauszuholen ist, wenn sie theoretisch reflektiert werden, und welche Vorteile eine knappe Darstellung in Gleichungen für die

Zwecke des Handels bieten. Bereits 1328 fügte der in Monpellier schreibende Rechenmeister Paolo Gherardi in seinem *Libro di ragioni* (Buch über die Zinsen) einige Beispiele für algebraische Gleichungen bis dritten Grades ein, die allerdings nicht frei von Fehlern waren.[60] 1344 waren aus den 15 Gleichungen Gherardis bei Dardi da Pisa (*Aliabraa argibra*) bereits 198 Gleichungen höheren Grades geworden, die in einer Liste aufgeführt werden. Aus solchen umfänglichen Listen kristallisierten die Autoren des 15. Jahrhunderts allmählich Gruppen von Gleichungen und vereinheitlichten die Schreibweise. Es war eine »embryonale Algebra«, die sich von der geometrischen Tradition zur Lösung von Gleichungen höheren Grades frei machte und ein eigenes Symbolsystem entwickelte.[61] Und sie blieb vorerst eng an die Handelspraxis gebunden. Erst nach und nach wurde man sich auch in den mechanischen Gewerken bewusst, dass die Algebra bei technischen Fragestellungen bisher ungeahnte Lösungsmöglichkeiten bot. Die Mathematik begann sich zu dem charakterlosen und gottfreien Allround-Instrument zu mausern, als das wie sie heute kennen, zur Hure Mathematik. Das dauerte. Für Adam Riese, der die Rechenkunst allen freien Künsten gleichermaßen andiente, war die Zahl frei nach Platon noch »nicht von Menschen, sondern von Gott oben herab gegeben«. Das unterscheide ihn vom Tier.

Zu Abbildung 25, S. 70:
Das 153 Seiten starke Manuskript eines *Liber Abaci* von 1513 enthält diese spektakuläre Seite mit einem Zahlentrapez, in das ein Schiff eingezeichnet ist.[62] Es wurde für Genueser Kaufleute geschrieben. Das Zahlentrapez zeigt eine für uns kaum nachvollziehbare Methode der Division. Das etwas unbeholfen gezeichnete Schiff könnte die Arbeit eines Schülers sein. In Venedig haben die Rechenmeister am Ende einer Stunde die Kinder aufgefordert, ihre mathematischen Figuren zu bemalen.[63]

Fast ausnahmslos sind die Ziffern durchgestrichen, aber warum einige wenige nicht? Der französische Humanist Petrus Ramus (1515 bis 1572) hatte eine Methode, zu substrahieren, bei der er Ziffern durchstrich. Er schrieb das Ergebnis über die beiden Zahlen. Und der Leipziger Dozent Johann Widmann strich in *Behende und hübsche Rechnungen auff allen Kauffmannschaften* 1526 (erstmals 1489 in Leipzig) beim Multiplizieren die Zahlen durch, deren Rechenoperation erledigt ist.[64] Das Durchstreichen enspricht dem Löschen auf der Tafel oder im Sand, und man beginnt mit der Zahl mit dem höchsten Stellenwert. Die Inder benutzten zum Zahlenschreiben Holztafeln, die mit farbigem Sand bestäubt waren.[65]

»Die Araber strichen die nicht gültigen Ziffern aus und setzten die verbesserten Werte darüber oder darunter. Dem arabischen Vorgang folg-

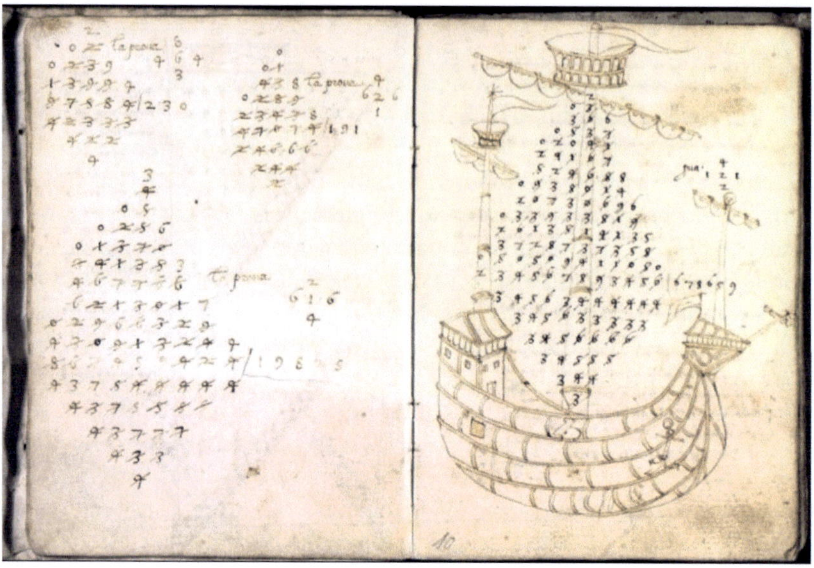

te das kaufmännische Rechnen in Italien, dann in Deutschland. Schon Maximus Planudes (gest. 1310 Byzanz) machte in seinem griechisch geschriebenen Rechenbuch darauf aufmerksam, dass durch das Ziffernstreichen, besonders bei der Division, eine sehr unordentliche, unübersichtliche Wirrnis beim schriftlichen Rechnen entsteht, die eine Prüfung der durchgeführten Rechnung, ein Nachrechnen ohne völlige Wiederholung unmöglich macht«, schreibt Johannes Tropfke.[66] Er nennt das »eine schwülstige und unübersichtliche Anhäufung von Ziffern, daß man sich nicht wundern kann, wenn der für einen besonders guten Rechner galt, der ihrer Meister war«.

Die hochgestellten Ziffern waren der Zwischenspeicher, der vorher von den Fingern dargestellt wurde oder im Kopf behalten werden musste. Er wurde mit dem nächsten Rechenschritt ungültig. Diese Art des Rechnens mit Ausstreichen der Ziffern wurde zuerst in Italien aufgegeben und nur noch für die Division beibehalten (*Algorismi Tractatus des Prodocimo de' Beldomandi* 1410). Die althergebrachte Form hieß dann »Rechnen mit Ziffernstreichen nach deutscher Art« und »Überwärtsrechnen« – um eine solche geht es hier –, während die italienische Art ohne Ziffernstreichen »Unterwärtsrechnen« genannt wurde. Ab dem 15. Jahrhundert wurde die italienische Art durch den Einfluss der Wiener Schule (Johannes von Gmunden, Georg von Peuerbach, Regiomontanus) allmählich im deutschen Sprachraum übernommen. Adam Riese hat das Ziffernstreichen noch 1574 beim Dividieren gebraucht: »Die Figuren im dividiren sollen all außgeleschet werden, außgenommen die verbleibenden und welche auß dem theilen kommen seyn«.[67]

Mit der Streichmethode hatte die Gewohnheit zu tun, nach Abschluss der Rechnung eine Probe durchzuführen, mit der man sich des Ergebnisses ohne Wiederholung des gesamten Rechenvorgangs versichern wollte, im allgemeinen die Neunerprobe, aber schon Fibonacci hat alle Primzahlen zugelassen, besonders die 7, 11, 13, und dafür sogar einen Beweis geliefert. Der Ausdruck »proba« oder »pensa« bezeichnet die Neunerprobe. Hier heißt sie »prova«.

Die Nullen im Manuskript sind kleine Kreise wie sie die Inder schrieben, und die nicht durchgestrichenen stehen alle links. Wurden die Zahlen von rechts nach links gelesen wie das die Araber tun und Fibonacci übernommen hat? Das machte bei einer Ausbildung für Genueser Kaufleute Sinn, die ihre Geschäfte häufig mit Arabern tätigten. Irritierend sind die Ziffern außerhalb des Trapezes. Sie sehen aus wie das Ergebnis, sind es aber nicht. Es ist die Zahl, die geteilt werden soll, der Dividend.

Und die Zahl, mit der geteilt werden soll, der Divisor, wo ist der zu finden? Er liegt an Deck des Schiffes und ist insgesamt sieben Mal in raffinierter Schräganordnung, die den Rumpf bildet, aus der Ziffer 345634 (bzw. nach umgekehrter arabischer Lesart 436543) konstruiert. Man nannte diese Technik deshalb »Galeere«. Hier allerdings suggeriert die Zeichnung eine Kogge, obwohl die Zahlenanordung durchaus einer Galeere mit Lateinersegel entspricht. Die Zahl in voller Länge ist nicht der Divisor. Es sind wahrscheinlich nur die beiden ersten Ziffern (34 bzw. 43). Die anderen sind möglicherweise die Zwischenergebnisse eines Verfahrens, das die ersten beiden Stellen des Divisors erst einmal von den ersten beiden Stellen des Dividenden substrahiert, bevor mit dem Teilen begonnen wird, und den verbleibenden Rest so lange notiert, bis er in den folgenden Schritten durchgestrichen werden kann. Nach Widmann ist das Ergebnis entlang der Außenseite des Trapezes an den nicht durchgestrichenen Ziffern von der ersten linken nicht durchgestrichenen nach oben zur Spitze und weiter nach rechts unten abzulesen, nach arabischer Lesart also umgekehrt. Die Darstellung der einzelnen Rechenschritte in Form einer Pyramide ist eine Erfindung der *maestri d'abaco* Italiens. Ihre Anordnung ist für uns, die wir in unserer Schreibweise an die strikte Positionierung der Stellenwerte untereinander gewohnt sind, so verwirrend, dass sich die Mathematiker, die das Bild präsentieren, nicht mit den Einzelheiten des Rechenvorgangs beschäftigen, weil sie ihn wie auch ich nicht mehr nachvollziehen können.

Giotto malt den Geist der Zeit

Es ist nicht ohne Weiteres einzusehen, warum ein Blick auf die Kunstgeschichte dem Blick auf die Wissenschaftsgeschichte eine erhellende Dimension hinzufügen kann. Mit dem Florentiner Maler Giotto di Bondone (1266 bis 1337) ist dies möglich, wie ich an einigen wenigen Beispielen zeigen werde.

Giottos Werke sind der Spiegel, in dem sich die Betrachter selbst erkannten. Sie fühlten sich in den pulsierenden und von Parteienkämpfen gebeutelten Handelsmetropolen Italiens als *moderni*, ruhelose Seelen, die das Fegefeuer, eine »Hölle auf Zeit« erwartete.[68] Die Buchführung, schon bald die doppelte, kalkulierte begangene Sünden wie Verlust und Gewinn einer Handelsoperation. Am Ende wurde abgerechnet, die Wechsel eingelöst, der Schuldner endgültig zur Hölle geschickt und der Gewinner zur ewigen Lobpreisung Gottes verdammt. Was sie erwartete, setzte Giotto ins Bild. Er gab den phantasierten Ängsten und Hoffnungen anschaulichen Raum und ein menschliches Gesicht, einen realistischen Ausdruck.

Giotto konnte packend erzählen, biblischen und Heiligengeschichten durch menschliche Emotionen tragischen Ausdruck verleihen und malte sie so in phantasierte Räume, dass die Betrachter wie gebannt dem Geschehen folgten. Das Gastmal des Herodes in der Perucci-Kapelle z.B. läuft ab wie ein Film, voller Dramatik wie im wirklichen Leben. Das hat seine Zeitgenossen betört. Florentiner Maler haben es studiert und sich von ihm inspirieren lassen.

Die Malerei Giottos hat für den heutigen Betrachter, der die Zentralperspektive aus Milliarden von Fotografien gewohnt ist, einen seltsamen Effekt: Sie kann aus vielen Richtungen betrachtet werden. Geht man am Bild vorbei, schaut man in verschiedene in sich geschlossene Szenerien, die in einen nicht nach den Regeln der Zentralperspektive konstruierten Raum gestellt sind, übereinander, nebeneinander, hintereinander. So kann man gleichzeitig in den Tempel von oben hinein und von unten unter das Dach seines Turmes oder einmal von links und einmal von rechts in nebeneinanderliegende Zimmer blicken – eine zentralperspektivische Unmöglichkeit. Diese nagelt den Betrachter an einem Punkt fest, von dem aus alles gesehen wird und gesehen werden muss, wodurch viele Aspekte der Realität verdeckt werden und verloren gehen. Giotto erregt Neugier und hält in Bewegung, lässt von allen Seiten in Türen und Fenster schauen, wie ein Vogel über Teile der Szene fliegen oder aus Untersicht eine Treppe besteigen, nicht selten in ein und demselben Bild. Seine Raumillusion kennt noch nicht das Korsett der Zentralperspektive, aber erfasst das Bild in räumlichen Dimensionen und bannt es auf die Fläche. Auch seine Figuren besitzen eine plastische, mehrdimensionale Körperlichkeit, ein Volumen, das den Raum mitgestaltet.

Giotto malte nur selten Körperschatten in die Landschaft, nur Schatten in jedem einzelnen Körper, ob Mensch, Tier oder Stein. Der Himmel ist einfach blau, das Licht unbestimmt, diffus. Das verleiht den im Raum angeordneten Szenen etwas Unwirkliches. Die Körper strahlen von innen nach außen, wie die Farben von Fotografien unter bedecktem Himmel. Sie haben Eigenlicht und leuchten wie das Wachs einer brennenden Kerze. Die menschlichen Dramen sind in den Leibern eingeschrieben ohne die Theatralik gespenstischer Lichteffekte. Aber ein Mann ohne Schatten ist des Teufels wie uns Peter Schlehmils wundersame Geschichte lehrt. Eine solche Malweise macht das Jüngste Gericht zu einer sehr bedrohlichen Angelegenheit, die in der Scrovegni Kapelle in Padua apokalyptische Ausmaße annimmt. Man sieht den Aufschrei gequälter Seelen und hört den Jubelgesang der ewig Lebenden.

Denselben Eindruck von der Wirkung realistischer Darstellungen vermittelt Dante im *Purgatorio*. Das sichtbare Sprechen des in Stein gehauenen Engels, dessen *Ave* er zu hören glaubte, eine gemeißelte Weihrauchwolke als ein »widerstreitendes Rätsel für Geruch und Auge« und die »sieben Chöre, dass Gehör und Auge in mir sich streiten mussten, ob sie sangen«, zeugen von der Faszination, die vom Realitätsgehalt der Skulpturen an der Felswand ausging, die er im zehnten Gesang des *Purgatorio* seiner 1307 bis 1320 verfassten Göttlichen Komödie beschrieb. Im elften Gesang erwähnte er Giotto auf der Höhe seines Ruhmes, aber dieser elfte Gesang widmete sich seiner Vergänglichkeit: »O leerer Ruhm des menschlichen Vermögens, wie kurz nur bleibt das Grüne auf den Gipfeln, wenn nicht dahinter rohe Zeiten folgen. Es glaubte Cimabue, er sei der Meister der Malerei, und nun ist Giotto oben und hat den Ruhm des andern überschattet«. Giovanni Boccaccio (1313 bis 1375) meinte, Giotto habe die Natur »dem Urbild so ähnlich dazustellen gewusst, dass es nicht als Abbild, sondern als die Sache selbst erschienen wäre, weshalb denn der Gesichtssinn der Menschen nicht selten irregeleitet ward und für wirklich hielt, was nur gemalt war« Die Maler vor ihm wären bestrebt gewesen »durch ihr Malen mehr die Augen der Unwissenden zu kitzeln, als der Einsicht der Verständigen zu genügen«.[69] Wie beim Mediziner Saliceto taucht auch hier die *ratio* als Leitmotiv auf.

Der Chronist Giovanni Villani nannte Giotto den »erhabensten Meister der Malerei seiner Zeit, der jede Figur nach der Natur zeichnen konnte«.[70] Auch er betonte den Realismus der Malerei Giottos.

Der Zusammenhang, in dem Villani diese Äußerung machte, wird meist unterschlagen. Er bietet einen ersten Einblick in das Milieu, in dem sich Giotto betätigte. Es handelte sich um den Bauauftrag für den Campanile der baufälligen *Santa Reparata* in Florenz, an deren Stelle der Dom *Santa Maria del Fiore* errichtet werden wird, und dessen Mäzene der Bischof von Florenz mit allen Priestern und Prioren und viele Signori mit großem Vermögen waren. Giotto wurde 1334 bis zu seinem Tod 1337 Supervisor des Projekts, benannt von der Zunft der Wollhändler (*Arte della Lane*).

Villani gehörte selbst zu diese Reichen von Florenz, die nicht umsonst auf der Seite des Papstes standen. Er war Mitglied der *Arte di calimata*, der Zunft der Tuchfabrikanten und Händler, eine der einflussreichsten Zünfte während des Mittelalters. Sie ursurpierten die städtischen Gremien, in denen sich Villani vor allem als Diplomat zur Beilegung von Konflikten mit Nachbarstädten betätigte. In den ersten Jahren des 14. Jahrhunderts war er für die Peruzzi Bank in Italien, der Schweiz, Frankreich und Flandern unterwegs, deren Teilhaber er von 1300 bis 1308 war. 1316 wurde er Leiter der Münze und saß damit an der Quelle des Geldflusses, der stark vom Edelmetallgehalt der Prägungen abhängig war, mit allen Möglichkeiten des Unterschleifs und der Preismanipulation. In den 40ern war er Teilhaber der *Compagnia Buonaccorsi,* einer Bank und Handelsgesellschaft, wegen deren Bankrott er ins Gefängnis musste.

Giotto hat für die Stifter Peruzzi und Bardi die direkt nebeneinander liegenden Famillienkapellen in *S. Croce* mit Fresken ausgemalt, die Peruzzi-Kapelle mit Szenen aus dem Leben Johannes des Täufers, die Bardi- Kapelle mit Szenen aus dem Leben des Franz von Assisi (1181 bis 1226). *S. Croce* ist die Hauptkirche der Franziskaner in Florenz, mit deren Bau 1295 beggonnen wurde. Franz von Assisi war bereits zwei Jahre nach seinem Tod heilig gesprochen worden. Der in seiner Jugend ausschweifend lebende Sohn des reichen Tuchhändlers Pietro Bernardone hatte nach seiner Berufung Waren aus dem Laden seines Vaters an Arme verschenkt und war wohl der vorbildliche Büßer für die Bardi, dem sie nicht nacheifern, aber huldigen wollten. Er war einer von ihnen gewesen. Jetzt, wo die Brüder Wasser predigten und Wein tranken, gab es zahllose Berührungspunkte, die der Reichen Last schmälern konnte. Sie gaben eine Menge Geld für pompöse Grabstellen und Familienkapellen, sie ließen private Messen lesen, schickten ihre Kinder in Franziskanerschulen und machten einige von ihnen zu Mönchen. Bei den Bardis ist das von zweien bezeugt, und Federigo di Bartolo Bardi war seit 1300 Domherr der Kathedrale von Florenz. Die Beziehungen waren gut fürs Geschäft. Seit 1260 sind sie in der päpstlichen Buchhaltung Bonifatius III. nachzuweisen. Julian Gardner sieht Giotto hier »among the money-changers«.[71]

Aber diese Beschreibung des Milieus ist zu kleinkariert. Giotto befand sich mitten unter den Magnaten des internationalen Geschäfts und ihrer Personalunion mit weltweit agierenden Bettelorden und Papstkirche, so dass es kaum möglich ist, kirchliche und weltliche Auftraggeber strikt voneinander zu trennen.

Dafür spricht auch Kardinal Jacopo Caetani degli Stefaneschi als Auftraggeber eines Mosaiks in der alten *St. Peter Basilica* in Rom mit der Darstellung aus Matthäus 14 des in Seenot geratenen Schiffes Petrus' und eines Jesus, der ihn aufforderte, über das Wasser zu gehen. Petrus ist der Kardinal. Dieses zwischen 1305 und 1313 entstandene und als *Navicella* bekannte rund 15 m breite Mosaik wurde beim Neubau des Petersdoms in einem Unwetter zerstört und später in barocker Manier nachempfunden und im Zentrum des Portikus plaziert (s. Titelbild). Kardinal Stefaneschis Mutter war Perna Orsini aus einer der Adelsfamilien Roms, die wie die Caetanis und Colonnas einen erbitterten, zeitweise in einen Bürgerkrieg ausartenden Kampf um die päpstliche Macht führten. Das in Seenot geratene Schiff mit Petrus an Bord war ein eindringliches Symbol für den schwankenden Grund, auf dem die von weltlicher Habgier zerfressene Papstkirche ins Exil in Avignon 1309 geriet. Kardinal Stefaneschi aus dem fürstlichen Clan der Caetanis verdankte seine Ernennung Benedetto Caetani, seit 1294 Papst Bonifatius VIII., dem er nach dem Scheitern seiner eigenen Kandidatur mit seiner Stimme zur Wahl verholfen hatte. Die Caetanis rissen sich mit Hilfe ihres Papstes viele Teile Italiens unter den Nagel, und Bonifatius VIII. versuchte 1302 mit seiner Bulle *Unam Sanctam* weltliche Herrscher ins zweite Glied zu verweisen. Giotto hat auch in den Jahrzehnten des Exils in Avignon Aufträge von Stefaneschi ausgeführt.[72]

In der Bardi-Kapelle ist unter anderen eine von Giotto gemalte Szene zu bewundern, die auf eine von Thomas von Celano (1190 bis 1260) kolportierte Franziskuslegende zurückgeht: Franziskus habe häufig mit Bruder Falke gesprochen, und der habe ihn rechtzeitig zum Gebet geweckt (Abbildung 26, S. 76). Hier sitzt der Falke auf einem Felsen und beobachtet die Stigmatisierung, die Übertragung der Wunden Christi auf Franziskus auf dem Berg *La Verna* in der Toskana über dem oberen Tibertal, wo sich Franziskus oft aufgehalten hat. Conte Orlando Cattano hatte ihm den Berg geschenkt und dem zeitweiligen Eremiten Franziskus mit einer Kapelle ein Dach über dem Kopf bauen lassen. Giotto hat diesen Falken so naturgetreu wiedergegeben, dass er als Lannerfalke zu erkennen ist, eine Art, die in Afrika, auf der arabischen Halbinsel, auf dem Balkan und in Italien beheimatet ist und in Steilfelsen wie *La Verna* brütet. Den Brutort im steilen Felsgestein hatte schon Friedrich II. in seinem Falkenbuch

Abbildung 26: Giotto, Fresko Bardi-Kapelle, Stigmatisierung des Franziskus auf dem Berg La Verna in der Toskana. Ausschnitt.

beschrieben und sein Sohn Manfred illuminieren lassen. Giotto muss auf dem Berg gewesen sein, denn er hat die Felsformation recht gut getroffen und sich vielleicht Skizzen *al natura* gemacht. Eine weitere Besonderheit in diesem Fresko ist die für Giotto ungewöhnliche Lichtführung. Die vom Gekreuzigten ausgehenden Stigmatisierungsstrahlen werfen ein Schlaglicht auf den Felsen, auf dem der Falke thront, und erzeugen einen deutlichen Schatten auf den lichtabgewandten Seiten des Felsens und der Kapelle *Santa Maria degli Angeli*. Hier kommt ein grelles Licht aus den Wundmalen Christi, das die Landschaft und den Körper Franziskus' modelliert. Beinahe frivol wirkt die Inszenierung des heranfliegenden

Erlösers, der mit den Flügeln schlägt. Das Flattern des Engels Seraph ist in zwei Phasen, Auf- und Niederschlag, so dynamisch festgehalten, dass der Bewegungseindruck eines stroboskopischen Bildes entsteht. Zwei Flügel des sechsflügeligen Engels sind zugunsten dieser naturgetreuen Flugstudie fast vollständig aus dem Bild genommen. Wie die Legende will, hat Franziskus den Vögeln das Wort Gottes gepredigt und sie dazu gebracht, während der Predigt den Schnabel zu halten und nicht wegzufliegen. Dieser Vogel in der Bardi-Kapelle konnte fliegen und er zeigt, dass Giotto den Bewegungsablauf beim Flattern sehr genau studiert hat. Es ist von allen bekannten Versionen der Stigmatisierung wohl die letzte.

Dasselbe Sujet einige Jahre früher in der Langkirche des Oberhauses von Assisi, in der sich auch die berühmte Vogelpredigt befindet, ist noch vergleichsweise plump mit symbolisierten sechs Flügeln und ohne optisch korrekte Lichtführung gemalt (Abbildung 27, S. 78). Es fehlt der Falke. Für diese Ausführung ist die Autorschaft des jungen Giotto nicht gesichert. Es wird eher davon ausgegangen, dass er Teil einer Werkstatt gewesen ist, die die Oberkirche Assisis ausgemalt hat.

Eine weitere Version in einem Altarbild, das sich seit Napoleon im Louvre befindet und wahrscheinlich kurz vor dem Fresko in Assisi noch auf Goldgrund gemalt worden ist, bildet alle sechs Flügel in schematischer Weise ab, entspricht dem Fresko aber in der Schatten gebenden Lichtführung (Abbildung 28, S. 79). Auch hier fehlt der Falke. Es war eine Auftragsarbeit für die Gebrüder Guiscardo, Benenato und Pericciolo Cinquina, Emporkömmlinge in Pisa, die zusammen mit den Bonconti eine Bank betrieben und eng mit Papst Bonifatius VIII. kooperierten.[73] Die Bildtafel hing vor Napoleons Kunstraub in einer Familienkapelle der Cinquina in der Kirche *San Francesco* von Pisa, die sehr wahrscheinlich von den Cinquinas gesponsert war.

Und noch ein weiterer Auftraggeber gehörte zum Kreis der Finanzmagnaten. Der als Wucherer verschriehene Reginaldo Scrovegni war zwischen 1288 und 1290 verstorben. Dante war ihm im siebten Kreis der Hölle begegnet, in dem die Wucherer sich mit bloßen Händen eines ständigen Feuerrregens erwehren müssen. Scrovegni war an einem um seinen Hals hängenden Geldsack und an seinem Wappen, einem blauen Schwein, zu erkennen. Im siebten Kreis saßen die betrübten Seelen, »aus ihren Augen brachen ihre Schmerzen. Sie kämpften überall mit ihren Händen bald mit dem Dampf bald mit dem heißen Sande. Nicht anders als zur Sommerzeit die Hunde, die sich mit Schnauze oder Pfote wehren vor Flöhen, Mücken oder Bremsenstichen«.

Sein Sohn Enrico, der als Zeichen gelungenen Aufstiegs Jacobina d'Este aus Ferrara heiraten wird, ließ ab 1300 im Areal des römischen

Abbildung 27: Giotto, Fresko Assisi Oberkirche.

Abbildung 28: Giotto, Tafelbild 314 cm x 162 cm, Paris, Louvre. Ausschnitt.

Abbildung 29: Giotto, Scrovegni-Kapelle. Der Stifter Enrico Scrovegni.

Amphitheaters einen Palast mit einer Kapelle erbauen. Der Protestant und Humanist Bernardino Scardeone (1478 bis 1574) behauptete 1560 in *De antiquitate*, einer Historie der berühmten Gestalten Paduas, Enrico Scrovegni habe mit dem Bau der Kapelle seinen Vater entsühnen wollen. Er hat sich im lila Büßergewand inmitten der Darstellung des Jüngsten Gerichts mit der Übergabe eines Modells der spendierten Kirche an Maria ablichten lassen, und zwar so platziert, dass die Szene frühmorgens an den Marienfeiertagen (Mariä Geburt 8. September, Verkündigung 25. März und Himmelfahrt 15. August) durch einen Lichtstrahl beleuchtet wurde, der durch ein winziges Loch über dem ersten Fenster links von der Eingangstüre fiel[74] (Abbildung 29). Die Entsühnung scheint ihm

Abbildung 30: Giotto, Scrovegni-Kapelle. Das Jüngste Gericht. Die Verdammten.

gelungen zu sein, denn 1304, ein Jahr nach der Weihe der Kapelle durch den Bischoff von Padua, »gewährte Papst Benedikt XI. den Besuchern der Kapelle einen Sündenerlass«.[75] Das machte sie zu einem Anziehungspunkt für die bessere Gesellschaft Italiens, von denen eine sicher nicht geringe Zahl ebenfalls in Dantes siebten Höllenkreis gehörten.

Viele der die Wände vollständig bedeckenden Bilderfolgen sind an Dramatik kaum zu überbieten. Der Kindesmord, der Judaskuss und das Jüngste Gericht erzeugen ein Horroszenario mit Abarten menschlicher Grausamkeiten und Hinterlist, der sich in schmerzgequälten Gesichtern spiegelt. Der Alptraum der Hölle ist ganz unerträglich (Abbildung 30). Einem, der sich aufgehängt hat, hängen die Gedärme heraus, einem Anderen wird von einem Teufel mit großem Bohrer durch den Mund

Abbildung 31: Giotto, Scrovegni-Kapelle. Caritas überreicht Jesus ihr Herz.

in die Tiefe gedrillt, Mann und Frau sind kopfüber an ihren Genitalien aufgehängt, eine geschwänzte Echse beißt in einen Schenkel, aus Luzifers Scham ragt der Kopf eines halb verdeckten Körpers, aus seinem Mund nur noch Gesäß und Beine, zwei Teufel zersägen einen an zwei Stangen gefesselten Mann, ein Teufel vergewaltigt eine Frau, ein anderer quetscht den Penis eines Mannes mit Tonsur. Kein Feigenblatt bedeckt die Genitalien, selbst Schamhaare kommen zur Geltung. Im Nacken eines Jünglings verbeißt sich eine Schlange, und immer wieder hängen Geldsäcke um die Hälse der nackten, fahlen Körper, die an ihren Kopfbedeckungen als reiche Bürger oder Kardinal zu erkennen sind. Die meisten der Verdammten werden von Teufeln in ausgehöhlte Baumstümpfe hineingestopft, während ein Drache an der Mahlzeit eines Menschen wie eine Schlange würgt.

Und als Krönung seiner genauen Beobachtungsgabe hat Giotto in dieser *Capella degli Scrovegni al'Arena* in Padua ein Herz anatomisch korrekt dargestellt. In der marmorierten Reihe Laster und Tugenden reicht Caritas mit ausgestrecktem Arm ihr Herz Jesus. »Eindeutig sind an der Herzbasis ein Gefäßabgang, also die Aortenwurzel beziehungsweise der Pulmonalarterienstumpf, die beiden Herzohren und weiterhin die vordere absteigende Kranzarterie mit exaktem Verlauf in der vorderen Kammerfurche zu erkennen«[76] (Abbildung 31). Üblicherweise wurde das

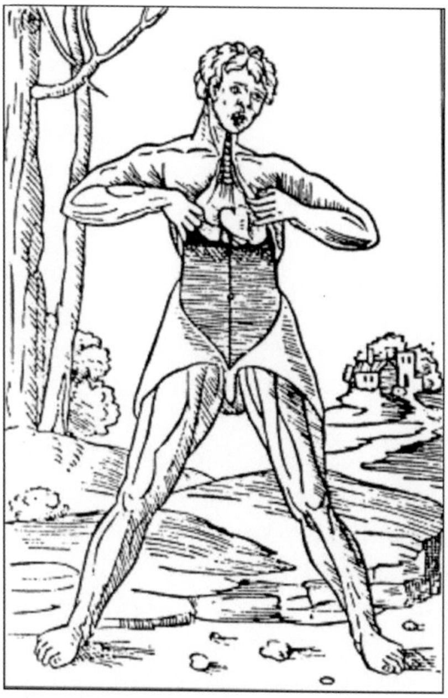

Abbildung 32: Spielkartenherz aus Mondino de Luzzi: Mundinus. Roussat (Übersetzer), Cy est l'anathomie de Maistre Mundin Boullonoys, Alain Lotrian et Denis Janot, 1532, Holzschnitt.

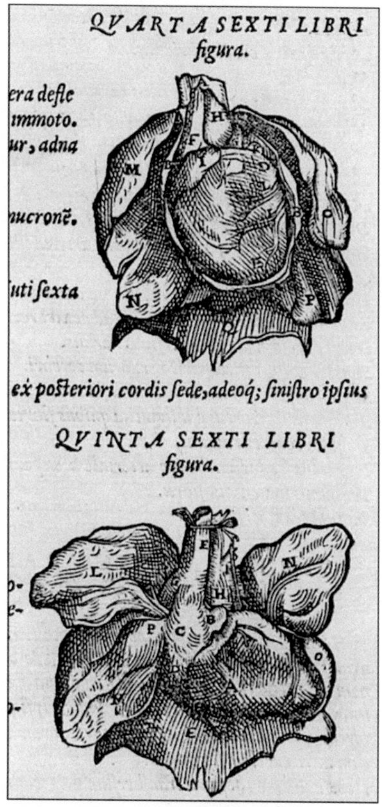

Abbildung 33: Andreas Vesalius, De humani corporis fabrica libri septem. 6. Buch.

Organ in Form eines Pinienzapfens oder als Spielkartenherz dargestellt (Abbildung 32). Der Autor spekuliert, Giotto habe an Sektionen in Bologna teilgenommen, die von Mondino da Luzzi an der Universität initiiert worden sind. Ausgeschlossen wird, dass sich Giotto ein tierisches Herz zum Vorbild genommen hat. Erst im 16. Jahrhundert wird allmählich das symbolische Schema Pinienzapfen und Spielkartenherz durchbrochen und anatomisches Wissen präsentiert wie von Berengario da Carpi in seinem Werk *Isagoge brevis ... in anatomiam humani corporis* von 1525, der in einem aufgeschnittenen Herz die Taschenklappen darstellt. Den Durchbruch zu einer wissenschaftlichen Darstellungsweise erzielte Vesal 1538 bis 1542 mit seiner siebenbändigen Anatomie, kurz *Fabrica*[77] (Abbildung 33).

Die Diskrepanz, dass ein Laie wie der Baumeister und Maler Giotto eine bessere Abbildung des Herzens liefert als die medizinischen Profis, kann man so interpretieren: Giotto hatte keine Ahnung von Galen, Avicenna und der Medizinschule von Salerno. Sein Kopf war unvoreingenommen. Er konnte einfach malen, was er sah und wie es seinem großen malerischen Talent entsprach. Die Mediziner konnten weder malen, noch durften sie ihren Augen trauen. Sie hatten sich aus den Büchern längst ein Bild vom Herz gemacht, das sie auf das gesehene aus der Ferne projizierten. Das sezierte Herz verlor an Konturen und sah im Zweifel so aus wie in den Texten der Bücher vor ihrer Nase. Giotto hat ein wissenschaftliches Bild abgeliefert, aber sich wahrscheinlich keine wissenschaftlichen Gedanken gemacht.

Erst in den anatomischen Abbildungen Vesals finden beide, Wissenschaft und genaue Empirie, zueinander. Bis dahin kämpften zahlreiche Mediziner, Leichenraub eingeschlossen, um diesen direkten Zugang, den sich Giotto auf seine Weise erarbeitet hatte. Sie kämpften um eine unverstellte Sicht auf das, was zu sehen war. Giottos Herz war einmalig, seine herausragende anatomische Leistung fiel Niemandem auf, auch den Medizinern nicht. Es war von Anfang – und ist es geblieben – ein Bild der tugendhaften Liebe der Caritas zu Gott in der Kapelle einer raffgierigen Familie.

Aber warum hat sich Giotto dann nicht mit dem Herzsymbol eines Pinienzapfens begnügt? Ich habe nur eine Erklärung: Neugier. Er war neugierig auf die Mimik des Schmerzes, auf die Gestik einer Handlung, neugierig auf den Vogelflug, auf Vögel, Schafe, Ziegen, Hunde, Esel und Pferde, neugierig auf den menschlichen Körper, kurz, von Grund auf neugierig auf alles, was er sah und was er empfand. Neugierig auch auf die Ängste und Phantasmen der Menschen, ihre Verbindung zur Natur und auf die Räume, in denen sie sich aufhielten. Er wollte sich ein Bild machen von der Welt mit dem mächtigsten Sinn, den wir haben – dem Auge.

Das Erstaunliche ist, dass er bei Auftraggebern und Publikum gleichermaßen Erfolg hatte. Er muss den Nerv der Zeit getroffen haben, denn seine Bilder wirkten wie eine Droge mit dem unstillbaren Verlangen nach einer Steigerung der Dosis, die die nächsten Generationen von Malern beschaffen werden. Seine Sehlust steckte an und erfasste widerstandslos eine bereitwillige Gesellschaft, die sich in den gestrengen Hierarchien byzanthinischer Malerei nicht mehr erkennen konnte und durch Steinmetze mit expressiven Gestalten an Kirchenportalen vorbereitet war.

War bei Giotto auch wissenschaftliche Neugier im Spiel? Ich denke schon, wenn man sich darauf verständigt, was an der Malerei wissenschaftlich sein kann. Sie produziert üblicherweise keine Wahrheiten und Theorien, die wissenschaftlichen Kriterien standhalten, und ein Maler muss nicht mit Lichttheorie, Brechungsgesetzen und den Regeln perspektivischer Verkürzung vertraut sein, um Malen zu können. Ganz abgesehen davon hätte Giotto die Kenntnis der Sehtheorie Alhazens aus Basra (965 bis 1040) oder seiner Epigonen im Mittelalter nicht geholfen und ihm keinerlei Hilfsmittel für eine Raumkonstruktion an die Hand gegeben. Die Geometrie der Zentralperspektive 100 Jahre nach Giotto ist ebenfalls kein Ergebnis dieser Sehtheorien, sondern der praktischen Bemühungen von Architekten wie Filippo Brunelleschi, der mit Hilfe der Mathematik die Bauausführung der Domkuppel von Florenz kontrollierte. Ein Maler braucht das Ergebnis seines Schaffens nicht mit irgendwelchen Theorien oder mathematischen Regeln zu begründen und deren korrekte Anwendung nachzuweisen. Es genügt, das Gesehene intuitiv zu erfassen – Hans Belting nennt das »den Sehprozess zu simulieren« –, Körperformen in Fläche zu übersetzen und den Umgang mit den Farben zu beherrschen.[78] Genau damit experimentierte Giotto in immer neuen Versuchen, den Raum als Illusion auf der Fläche zu imaginieren und in ihm und mit ihm eine fortlaufende Geschichte in Mimik und Gesten zu erzählen.

Nach der Natur habe er gemalt, sagte Villani, und das bedeutet, er hat sie eingehend studiert, um so malen zu können, wie ich das an wenigen Beispielen gezeigt habe. Die Zeitgenossen rühmten zurecht seine *scientia* und *doctrina*, und er wurde für seine Maltechnik gefeiert, die Licht einfängt und Körper zum Leuchten bringt, der die Geschichten ihre emotionale Tiefe verdanken und die noch Michelangelo bei mehreren Besuchen in Florenz eingehend studiert hat. Giottos Simulation des Sehprozesses ist empirisch und führt zu einem funktionstüchtigen Verfahren, das seinem neugierigen Blick entspricht.

Für dieses Verfahren hat Giotto mit der Technik der Fresco-Malerei experimentiert, um im langen Arbeitsprozess die gewünschten Farbtönungen beibehalten zu können. Die Probleme bei der Fresco-Technik liegen in der Beschaffenheit des Untergrunds, der Geschwindigkeit des Malprozesses, den Grundfarben und Farbmischungen. Die Mörtelschicht aus Kies, Sand und Weißkalk, die auf die feuchte Wand aufgetragen wird, ist frisch nicht brauchbar. Sie muss gelagert werden, bis sie cremig geworden ist und auf die nasse Wand aufgetragen werden und abtrocknen kann. Am Tag des Malens wird eine dünne Schicht desselben Materials (*intonaco*) darüber gestrichen, die neun bis zwölf Stunden feucht bleibt und mit in Wasser gelösten Pigmenten bemalt werden kann. Es wird immer nur frischer Putz für einen Tag aufgetragen (*giornario*), was bei schwierigen Bemalungen wegen des längeren Arbeitsprozesses eine kleinere Fläche voraussetzt. Denn bei zu großer Fläche muss ein Teil der Schicht ab- und am nächsten Tag neu aufgetragen werden. Die Herstellung der Malfarben oblag Giottos Hilfskräften, die die erdigen Farbpigmente in wohl dokumentierten und reproduzierbaren Mischungen auszuwiegen hatten. Mit Blau aus dem Gesteinsmineral Lapislazuli ließ sich feucht nicht arbeiten. Es verändert während der Trocknung die Farbe. Die leuchtend blauen Himmel und Gewänder in der Scrovegni Kapelle sind *al secco* nach Aufrauhen der Wand aufgetragen. Sie verblassen sehr viel schneller als die Frescofarben. Die *al secco*-Methode musste aber auch für die Übermalung von Nahtstellen zwischen den Tagwerken herhalten, die an alten Wandmalereien nach Abblättern der Secco-Schicht wieder sichtbar werden. Der penible Arbeitsprozess ist möglicherweise für die Zunftzugehörigkeit der Maler verantwortlich: Sie gehörten zur Zunft der Ärzte und Apotheker, die in ihrer täglichen Praxis Medikamente so genau zu dosieren hatten wie die Maler ihre Mischungen. Vielleicht kannte Giotto durch sie nicht nur Apotheker, sondern auch Ärzte, die ihm Anschauungsmaterial für das Herz der Caritas und die vielfältigen Wunden der Verdammten und Heiligen boten.

Wissenschaftshistoriker im Kampf ums Mittelalter

Arabische und antike Quellen wurden übersetzt, ihr Wissen assimiliert, und aus der Auseindersetzung mit diesem Wissen entwickelte sich die moderne Wissenschaft. Diese grob skizzierte Traditionslinie hat sich in der Geschichtsschreibung fest etabliert. Die hier angeführten Beispiele legen allerdings die Vermutung nahe, dass auch Spuren zu verfolgen sind, die nicht aus diesen Quellen stammen. Unter Historikern der Geschichte der Naturwissenschaften herrscht darüber kein Konsens, aber die der Allgemeinheit zugänglichen Veröffentlichungen zeigen eine klare Tendenz zur Codifizierung im Sinne dieser Traditionslinie.

Der US-amerikanische Wissenschaftshistoriker David C. Lindberg beschrieb den Schauplatz, auf dem gekämpft wird, so:

> »Kritiker und Lästerer haben oft gefragt, ob es sich bei den geistigen Aktivitäten und Errungenschaften, über die mit der antiken und mittelalterlichen Naturwissenschaft befassten Historiker schreiben (...) überhaupt um Wissenschaft im eigentlichen Sinn handelte. Das heißt, ist sie der modernen Naturwissenschaft ähnlich oder greift sie ihr voraus? Korrekter und sinnvoller formuliert lautet die Frage vielleicht: Welche Folgen hatte die naturwissenschaftliche Tradition des Altertums und des Mittelalters auf lange Sicht? Hatte sie einen dauerhaften oder anhaltenden Einfluss auf die Geschichte oder die Gestaltung der westlichen Naturwissenschaft oder geriet sie in eine Sackgasse, blieb folgenlos und führte letztendlich nirgendwo hin? Oder, um die Frage in ihrer üblichsten Form zu stellen: Besteht eine Kontinuität zwischen der Wissenschaft des Mittelalters und der Wissenschaft der frühen Neuzeit? Damit stehen wir vor der berühmten ›Kontinuitätsfrage‹, um welche Mediävisten und ›Frühmodernisten‹ eine anhaltende ununterbrochene Fehde führen.«[79]

Was versteht Lindberg unter naturwissenschaftlicher Tradition? Welche Elemente gehen in sie ein? Wie weit oder wie eng ist der Rahmen gesteckt und was wird in den Blick genommen? Lindberg versucht eine Antwort mit der Definition dessen, was als Wissenschaft verstanden werden kann, da sie den weiteren Untersuchungsgang bestimmen wird. Er referiert zunächst einmal, was alles auf dem Markt der Antworten gehandelt wird (S. 1):

Naturwissenschaft umfasst Handwerk und Technik, »die Gesamtheit der Verhaltensmuster, durch welche der Mensch sich seine Umwelt unterworfen hat«. Nach einer anderen Definition ist Wissenschaft »die Gesamtheit theoretischer Erkenntnisse«. Für die Naturwissenschaft gelten Beschränkungen. Entweder sollen sie sich »in der Formelsprache der Mathematik ausdrücken lassen«, oder »auf experimenteller Grundlage entstanden« sein. Unter Bezugnahme auf Bertrand Russell »handelt es sich bei der Wissenschaft um eine privilegierte Form der Erkenntnisgewinnung und die Fähigkeit, diese Erkenntnisse zu vertreten«. Auch auf der Grundlage ihres Inhalts lassen sich Naturwissenschaften definieren, also etwa Physik, Chemie Biologie usw. Dann wären etwa Alchemie und Parapsychologie ausgeschlossen. Nehme man das Kriterium »Präzision und Sachlichkeit«, wäre Sherlock Holmes ein Wissenschaftler.

Der Historiker sollte mit keinem dieser Raster an seine Arbeit herangehen. »Wir müssen die Ansätze früherer Generationen bei ihrer Naturbetrachtung respektieren und anerkennen, dass sie sich zwar von modernen Methoden unterscheiden, trotzdem jedoch als Teil unseres intellektuellen Erbes von Interesse sind«. Das bedeute, dass man von einem sehr allgemeinen Wissenschaftsbegriff auszugehen habe und zwar »umso breiter, je weiter wir in die Vergangenheit zurückgehen«. Er selbst werde zwischen der handwerklichen und der theoretischen Seite der Naturwissenschaft unterscheiden. Und was macht er dann? Er verlegt den Schwerpunkt seiner Aufmerksamkeit einmal mehr auf »die theoretische Seite der Naturwissenschaft«. Natürlich wolle er Technik und Handwerk damit nicht abwerten, aber ihre Geschichte weise eine Vielzahl von Problemen auf, für die es kompetente Fachleute gebe. Deshalb beschäftige er sich lieber »mit der Entstehung des wissenschaftlichen Denkens«. Ich möchte hinzufügen: Mit dem üblichen Raster der naturwissenschaftlichen Tradition. Es läuft auf einen philosophischen Ansatz hinaus, wie ihn Kurt Flasch ausgearbeitet hat.[80]

Ein solcher Ansatz blendet bewusst den Erkenntnisgewinn aus, der aus der praktischen Betätigung der Menschen resultiert. Für eine Philosophiegeschichte ist das akzeptabel, wenn sie das Denken, wie das Kurt Flasch gemacht hat, auf die Gesellschaft bezieht, aus der es hervorgegangen ist. Für eine Geschichte der Naturwissenschaften hat der Aderlass der Praxis fatale Folgen. Er führt zum Verlust der Wahrnehmung der Praxis, selbst dann, wenn sie als angewandte Wissenschaft zum Hauptakteur der Entwicklung geworden ist und deren Takt und Zielrichtung bestimmt. Nur wenige Historiker machen sich die Mühe, angewandtes Wissen von seinen vorwissenschaftlichen Keimen bis zur theoretischen Ernte zu verfolgen oder zumindesten die im Keim steckenden wissenschaftlichen Anlagen zu würdigen. Auf dieses Weise geriet fast die gesamte römische Geschichte der Naturwissenschaften in ein schwächelndes *Interregnum* zwischen griechischer Mathematik und Astronomie und ihrer Wiederaufnahme im Mittelalter.

Bei Lindberg wird das *Interregnum* des kraftstrotzenden römischen Reiches, das seine Expansion durch ein ausgedehntes Straßennetz und und hunderte von Kilometern lange Verteidigungswälle sicherte und beherrschte, mit 27 von 388 Seiten nicht gefüllt, sondern geleert. Es ist die übliche Vorgehensweise in der Verfolgung einer theoretischen Traditionslinie. Es treten auf: Der Staatsmann und Philosoph Cicero, der Polyhistor Varro, der Dichter des Atomismus Lukrez, der Enzyklopädist Plinius und der spätantike Philosoph Boethius. In wenigen Zeilen erwähnt werden der Stoiker Seneca, der Architekt Vitruv und der medizinische Enzyklopädist Celsus. Alle drei haben eine lange Wirkungsgeschichte, die bis in die Neuzeit reicht. Vitruv, unter dessen zehn Büchern sich Kapitel über Baumaterialien, Wasserversorgung, Astronomie und Uhrenbau und Maschinenbau finden, wurde zum Vorbild für die Architekten der Renaissance. Celsus, dessen Schriften über Landwirtschaft, Militärwesen, Recht, Philosophie und Rhetorik verloren gegangen sind, war mit den erhaltenen medizinischen Schriften neben Galen die wichtigste Quelle für die Mediziner des Mittelalters, gegen den sich Theophrastus Bombastus von Hohenheim (1493 bis 1541) mit seiner Namensgebung Paracelsus abheben wollte. Und Senecas *Naturales Quaestiones* (Naturwissenschaftliche Untersuchungen) blieben bis in die Zeit des Barock eine häufig zitierte Referenz für die sich formierende Meteorologie.[81] Aber das entscheidende Manko liegt nicht in der fehlenden Würdigung dieser oder jener Schrift, sondern im Fehlen der Leistungen im Bau großer Maschinen, die den Römern rund ums Mittelmeer und bis nach England ausgreifend die atemberaubend schnelle Errichtung monumentaler Bauten ermöglichten. Sie waren die ersten, die die Statik von Rundbögen berechneten[82] und die Katapulte konstruierten, deren Geschosse Mauern durchschlugen.

Da die Praktiker ausgeklammert bleiben und die Philosophie schwächelt, ist das Ergebnis bei Lindberg so, wie es zu erwarten war: »Bei der von den Römern betriebenen Naturwissenschaft oder Naturphilosophie handelt es sich also eher um eine begrenzte und popularisierte Version der griechischen Vorbilder«. Man habe den Römern unterstellt, sie hätten einfach nicht theoretisch denken können, z.B. von Arnold Reymond in *History of the Sciences in Greco-Roman Antiquity*. Als Trostpflaster begnügte man sich damit, der Römer Fähigkeiten in Verwaltung und Ingenieurskunst zu rühmen, und das war's auch schon. Wissenschaft ist Philosophie, praktische Tätigkeit Kunst – Ingenieurskunst, Kriegskunst, Verwaltungskunst. Basta. Wieviel Theorie in den Künsten steckt oder welche theoretischen Einsichten aus ihnen erwachsen – Fehlanzeige. Lindberg gibt sich mit der Erklärung des römischen Dramatikers Ennius (239 bis 139 vor! Chr.) zufrieden, die das Kapitel abschließt, der Römer wünschte

»zu philosophieren, aber nur ein wenig«. Aber selbst dieses Bisschen hätte er beim Bau von Aquaedukten, gepflasterten Hochgebirgsstraßen oder Fußbodenheizungen wahrscheinlich nicht gebrauchen können.

Auf dem Holzweg der reinen Theorie geht es geradewegs ins Mittelalter, in dem die Tradition nach der Übersetzung der antiken Klassiker und bereichert durch islamische Beiträge wieder aufgenommen wird. An der Frage, ob der Wiederaufnahme ein Durchmarsch in die Moderne folgte oder nicht, entzündet sich eine Kontinuitätsdebatte um Texte der philosophischen Tradition, die die Kontinuitäten in Mechanik, Bergbau und Schiffahrt weitgehend ausblendet und die Kontinuitäten in Malerei und Skulptur, eines augenfälligen Indikators für den Realitätsbezug einer Epoche, den Kunsthistorikern überlässt. Lindbergs »Wiederentdeckung der Bildung im Westen« beschränkt den Blick auf die buchstäbliche Version einer Geschichte des Denkens.

Sie gerät in Erklärungsnöte immer dann, wenn Wissen nicht mehr ausschließlich im vorgegebenen Rahmen einer schreibenden Geisteselite verwaltet wird und neue Akteure auftreten. Das war im 13. Jahrhundert der Fall. Wer ihre Spur nicht aufnimmt, kann den Weg des Westens zu seiner technologischen Überlegenheit nur an einzelnen Reflexen dieser Entwicklung in den Gedankengängen der Kleriker ablesen, am verzerrenden Abglanz einer gewaltigen Umwälzung, die den Schwerpunkt der Wissensakkumulation in die Handelsmetropolen Italiens verlagert und das Denken und Handeln sehr vieler Menschen verändert. Der Kompass ist ein gutes Beispiel für eine Generationen übergreifende Zunahme von Wissen durch kollektiven Gebrauch in der Navigation. Er hat die Welt verändert oder zumindestens das, was die Menschen aus ihr machen, wenn sie mit Instrumenten ihren Horizont erweitern und ihre materielle Kultur bereichern: Voraussetzung für die Portolankarten und für Seefahrten ohne Kontakt zur Küste, Initiator des Wunsches nach präziser Zeitmessung, Erkenntnis des Magnetfeldes der Erde, Elektromagnetismus. Die Liste ist unvollständig, sie soll nur andeuten, welche Macht ein einziges Gerät über die Köpfe der Menschen ausüben kann, die mit ihm befasst sind.

Dieselbe Schieflage wegen zu enger Perspektive in der Mathematik. Statt das Augenmerk auch darauf zu richten, welche Wirkung der massenhafte Gebrauch der Grundrechenarten in den Handelsoperationen auf die Ausbreitung mathemathischer Methoden in nahezu alle Bereiche menschlicher Tätigkeit ausgeübt hat, in Navigation, Mechanik, Architektur, Kunst, Chemie und Physik, wird meist nur die Einführung der arabischen Ziffern als Leistung der Rechenmeister anerkannt. Die große Zahl ihrer Schüler spielt kaum eine Rolle und auch nicht, wie alltägliches

Rechnen schon im 13. Jahrhundert die kaufmännische Barriere überschritt. Kapitäne etwa bezogen zurückgelegte Entfernungen in Meilen auf die Stunden der Sanduhr und berechneten ihre Geschwindigkeit, ein bescheidener Anfang, der nur von heute aus gesehen lächerlich wirkt. Gemessen an dem, was in universitären Debatten zur Sprache kam, war es eine kleine Revolution. Die Scholastiker stritten noch, ob die Bewegung ein sich bewegender Körper oder ein Ding mit dem Attribut einer Bewegung sei, ob es sich bei Bewegung um einen abstrakten Begriff oder ein reales Ding handele. Es ging um das Wesen der Bewegung, das immer zusammen mit Gott als dem ersten unbewegten Beweger gedacht wurde und dem noch Descartes 400 Jahre später seinen Tribut zollte (Aristoteles, Metaphysik XII). Es ging nicht um die Bewegung von Schiffen, von Mühlrädern, von Baukränen, auch nicht um die Bewegung der Vögel im Flug und des Blutes in den Adern, allesamt Bewegungen, deren Analyse und mathematische Beschreibung abendländische Wissenschaften und Technologien hervorbrachten.

Diese Auseinandersetzung um das Wesen der Bewegung hat das Wesentliche gerade deshalb nicht erfasst, weil sie ihrem Wesen und nicht ihren Erscheinungen auf der Spur war. Bei der Erklärung der Flugbahn von Körpern durch die Impetustheorie war der Ausgangspunkt nicht die Beobachtung der Flugbahn, sondern die Annahme eines irgendwie gearteten bewegenden Prinzips, nach dem die Flugbahn als geradlinig bis zum Verbrauch des Prinzips und dann senkrecht abfallend zum natürlichen Ort des Körpers im Sinne von Aristoteles angenommen wurde. Sie entspricht in keiner Weise der tatsächlichen Bahn, sondern ist Abbild eines Amalgams von christlicher Spiritualität und aristotelischer Materialität, die nicht den sich bewegenden Körper, sondern die Bewegung als Attribut des Körpers betrachtet. Jeder geworfene Apfel fliegt auf einer anderen als der von der Impetustheorie postulierten Bahn. Das kann man mit bloßem Auge leicht erkennen, wenn sie nicht vom Werfer, sondern von einem Zweiten senkrecht zur Flugbahnebene beobachtet wird. Selbst dieser einfache Test zur Verifizierung der Annahmen wurde von den schreibenden Klerikern nicht unternommen, da die Flugbahn in ihrem Kopf entstanden war und dort als Beweis der Gültigkeit von Philosophie und Theologie zu bleiben hatte. Trotzdem avancierte die Impetustheorie für viele Historiker der Naturwissenschaften zu einer gefeierten Vorläuferin Galileis.

Es ist das Dilemma einer missverstandenen Traditionslinie, das der Wissenschaftshistoriker Friedrich Dannemann (1859 bis 1936) ganz ohne Zwischentöne so formuliert hat:

> »Der weltfremde Gelehrte des Mittelalters beschränkte sich im Wesentlichen darauf, daß er die alten Schriftsteller und ihre Kommentatoren studierte und in maßloser Überschätzung des Wortwissens etymologischen Betrachtungen nachging, ohne auf eigene Beobachtung Wert zu legen. Auf diese Weise erwuchsen aus der vorhandenen Literatur zwar neue Schriften, es fehlte ihnen aber an neuem Inhalt. Der mitten im Leben stehende Techniker dagegen beobachtete und erfand, aber er schrieb nicht.«[83]

Es folgt das Beispiel der Bergwerke Böhmens. In erbarmungsloser Ausschließlichkeit stellt Dannemann gegenüber: die substantiellen Formen des Aristoteles und seiner mystischen Auswüchse und die bloßen Regeln aus der Beobachtung vieler Einzelfälle, die Naturgesetze.

Der österreichische Physiker und Philosoph Ernst Mach (1838 bis 1916) argumentiert im Vorwort zum Kapitel *Entwicklung der Prinzipien der Statik* in *Die Mechanik in ihrer Entwicklung* wesentlich geschmeidiger:

> »Im Besitz eines wenn auch unzureichenden Weltbildes und namentlich mit der logisch- kritischen Schulung der griechischen Mathematiker ausgerüstet, treten wir schon unter günstigen Bedingungen in die Forschung ein. Dieser Besitz erleichtert uns die Fortsetzung der Arbeit. Aber nicht allein der wissenschaftliche Nachlaß, sondern auch die *materielle* Kultur, in unserem besonderen Falle auch die überkommenen Maschinen und Werkzeuge, sowie die Tradition des Gebrauchs derselben müssen in Betracht gezogen werden. An diesem materiellen Nachlass können wir mit Leichtigkeit die Beobachtung *selbst* anstellen oder wiederholen und erweitern, welche die antiken Forscher zu ihren wissenschaftlichen Aufstellungen geführt haben, und diese eigentlich erst *verstehen* lernen. Es will mir scheinen, als ob dieser materielle, die Selbsttätigkeit stets neu weckende Nachlaß dem literarischen gegenüber zu *gering geschätzt* würde.«[84]

Für die kursorische Wissenschaftsgeschichte trifft Machs Diagnose noch heute zu, obwohl inzwischen vor allem in England antike Maschinen und Kriegsgeräte für ein eingehendes Studium im Modell und in natürlicher Größe nachgebaut werden und im Hafen von Brügge der Nachbau eines mittelalterlichen Drehkrans und in Bonn und Xanthen der Nachbau zweier Ausführungen eines schweren römischen Baukrans zu besichtigen sind (Abbildung 34). Mit der Kombination verschiedener Methoden der Kraftübersetzung gelang es den römischen Ingenieuren ein 100 Tonnen schweres Eckgesims des Jupitertempels von Baalbek 19 Meter und den über 53 Tonnen schweren Kapitelblock der Tranjanssäule in Rom 34 Meter hoch zu hieven (Wikipedia). Bereits Anfang des 20. Jahrhunderts baute der Artillerieoffizier Erwin Schramm auf der Saalburg bei Bad

Abbildung 34: Nachbau eines römischen Krans in Bonn (Wikipedia).

Homburg Torsionsgeschütze nach, deren Spannung durch das Drehen von Seilbünden erzeugt wurde, und testete sie.[85]

Solche Leistungen wären ohne eine vorherige Berechnung des nötigen Kraftaufwandes nicht möglich gewesen. Schriftliche Spuren gibt es nicht, und diejenigen, die es hätten festhalten können, befassten sich nicht mit profanen und schweißtreibenden Tätigkeiten. Nur der jüngere Plinius (ca. 61 bis ca. 113 n. Chr.) fand es nicht unter seiner Würde, über Farbzubereitung, Steinbearbeitung und die römischen Kloaken zu reden, die schiffbar waren und durch die ein beladener Heuwagen fahren konnte. Er schwärmte von den Wasserleitungen, die aus 40 Meilen Entfernung auf eine solche Höhe hinaufgeführt wurden, »dass sie auf alle Berge der Stadt gelangen konnten«. Dazu wurden Berge durchgraben und Täler überbrückt oder geebnet. Die ganze Welt habe kein größeres Wunderwerk aufzuweisen. Der Lago di Celano wurde abgeleitet, indem ein ganzer Berg durchstoßen und einfließendes Wasser von oben abgepumpt wurde. Er beschreibt recht genau die Glasherstellung in Cumae in Kampanien und eine riesige hölzerne »mit sich selbst im Geichgewicht« befindliche Drehbühne in Rom, die ihn zu einer Eloge auf die am Bau Beteiligten und zu einem Psychogramm der Römer verleitet, die die experimentierfreudige Atmosphäre einfängt, in der solche Leistungen möglich waren:

> »Was soll man hiebei mehr bewundern, den Erfinder oder die Erfindung? Den Baumeister oder den Urheber? Die Kühnheit des Gedankens oder der Ausführung derselben? Über alles aber geht der Wahnsinn des römischen Volkes, welches wagte, sich auf so unsichere und wankende Sitze zu begeben. Seht das ist das Länder besiegende, die ganze Erde beherrschende, Völker und Reiche vertheilende, den Ausländern seine Rechte sendende Volk! Da sitzt ein gewisser Theil der unsterblichen Götter unter dem menschlichen Geschlechte und klatscht seiner Gefahr Beifall. Was sind das für feile Seelen, oder was klagt man noch über die Niederlage bei Cannae?« (dort schlug 216 v. Chr. Hannibal die Römer).[86]

Nichts ist unmöglich, denn die Götter sind unter uns Römern, und Plinius strotzt vor Selbstbewusstsein. Mach hat vollkommen Recht, wenn er von der Geschichtsforschung die Rekonstruktion des wissenschaftlichen Gehalts der Maschinen verlangt. Er legt auch für spätere Entwicklungen der Mechanik darauf Wert. Einer kurzen Abhandlung über die Hydrostatik des Archimedes lässt er diejenige von Simon Stevin (1548 bis 1620) folgen, von dem er sagt, er habe sie ohne Archimedes, den im 16. Jahrhundert noch keiner verstanden habe, selbständig »auf seinem eigenen Wege« entwickelt. Er entdeckte mit Hilfe von Experimenten und Gedankenexperimenten, dass der Druck am Boden einer Flüssigkeit nur von der Höhe der Wassersäule abhängt und die Form des Gefäßes ohne Einfluss bleibt, das sogenannte hydrostatische Paradoxon. Der Flame Stevin war Buchhalter in Brügge und Antwerpen, bevor er an der Universität in Leiden studierte und vom Direktor der Wasserbehörde über den Generalquartiermeister der Armee zum Verwalter der Güter des Prinzen Moritz von Nassau anvancierte und für diesen eine Ingenieurschule eröffnete. Er verbesserte Windmühlen, erfand einen Segelwagen und baute Verteidigungsanlagen mit Hilfe von Schleusensystemen. Er kannte die Probleme des eingesperrten Wassers nur zu gut, dem er mit seinem hydrostatischen Paradoxon auf die Spur gekommen war.

Machs Vorschlag, sich um das Verständnis der materiellen Kultur zu kümmern, läuft darauf hinaus, die Richtung der Forschung umzukehren, sie vom Ergebnis her zu erschließen, wenn Konstruktionspläne und Berechnungen fehlen. Ich habe ein solches Vorgehen bei den Portolankarten mit meinem Versuch angedeutet, die in sie eingeflossenen Überlegungen durch strikte Orientierung am Verwendungszweck nachzuvollziehen. Mein Vorgehen entsprach ungefähr dem von Mechanikern, die aufgefordert werden, eine ihnen in ihrer Funktionsweise noch nicht bekannte Maschine zu reparieren. Sie müssen sich erst mal vergewissern, welche

Gedanken sich der Konstrukteur bei diesem oder jenem Detail gemacht hat. Erst wenn sie dahinter gekommen sind, haben sie verstanden und können das Gerät wieder in Gang setzen.

Es ist für Historiker mühsam, wenn sie sich Fachwissen erst erarbeiten müssen und mit gedanklichen Konstruktionen souveräner umgehen können als mit mechanischen. Lindberg hat handwerkliches Können deshalb »in einen Teilbereich der Geschichte« abgeschoben und gleich ganz den Fachleuten überlassen, ein großer Fehler, der die Denker einmal mehr von den Machern trennt und insgeheim unterstellt, dass Macher nicht denken oder zumindest nicht zu Ende denken können. Dabei leuchtet jedem ein, der schon einmal ein mechanisches Uhrwerk gesehen hat, dass die Konstruktion einer Uhr nicht weniger Gedankenarbeit erfordert als die philosophische Konstruktion der praktischen Vernunft.

Bei den Gelehrten der Scholastik lag eine Hinwendung zu diesem Teilbereich der Geschichte außerhalb ihres Horizonts. Das lag an der Methodik ihrer Disputation. In den Streitgesprächen ging es um die Kunst, aus dem Allgemeinen auf das Besondere zu schließen. Gab es Phänomene, die dem meist von Aristoteles stammenden allgemeinen Grundsatz widersprachen, suchte man nach Argumenten, die die als wahr behaupteten Grundsätze bestätigten, ein klassischer Zirkelschluss in einem in sich geschlossenen System. Die Fakten, die nicht passten, waren Ansporn, sie in die Prinzipien des Meisters zu integrieren und nicht, ihren Erscheinungen durch eigene Untersuchung gerecht zu werden. Die Naturbeobachtungen des Aristoteles waren eher Spielmaterial für Streitgespräche als Anregung für weitergehende Beobachtungen. Die wenigen Ausnahmen bestätigen die Regel.

Zu ihnen gehört der Dominikaner Albertus Magnus. der die strenge Deduktion für Naturerscheinungen nicht mehr gelten lassen wollte:

> »Eine Schlussfolgerung, die dem Zeugnis der Sinne widerspricht, kann nicht geglaubt werden; ein Prinzip, das mit der sinnlich erworbenen Erfahrung nicht übereinstimmt, ist kein Prinzip, sondern eher das Gegenteil davon.
>
> Man muss die Erforschung der Natur bis zu den individuellen Dingen vordringen lassen, Erkenntnis der allgemeinen Natur der Dinge ist noch nicht mehr als potentielle Erkenntnis.«[87]

Albertus Magnus hat jedoch sein Credo *fui et vidi experiri*, ich war dabei und habe es gesehen, nur selten praktiziert. Er war ein ausufernder Kompilator und hat das meiste aus Quellen von der Tierkunde des Aristoteles bis zur Enzyklopädie des Isidor von Sevilla entnommen. Da es nicht leicht ist, bei den Scholastikern Ansätze von Erfahrungswissen aufzustöbern, werden die wenigen Einzelleistungen, denen man habhaft werden kann und wie sie sich bei Albertus Magnus finden lassen, überbewertet und in ihnen ein Keim für die Entstehung moderner Naturwissenschaften gesehen.

Für den Bischof von Lincoln, Robert Grosseteste (ca. 1170 bis 1253), hat das Alistaire Cameron Crombie vom *London University College* versucht.[88] Crombies Einlassung hatte erheblichen Einfluss auf die Debatte um eine Genealogie der Entwicklung der Naturwissenschaften, da er erstmals den Ursprung einer experimentellen Wissenschaft bis ins 13. Jahrhundert zurückverlegte und Grosseteste sogar eine mathematische Behandlung der beobachteten Naturphänomene bescheinigte. Das jedoch war weit übertrieben, wie der aus Paderborn stammende und heute an der *University of Dallas* lehrende Philosophieprofessor Philipp. W. Rosemann in einem Beitrag für die *Frankfurter Allgemeine Zeitung* erläuterte.[89] Danach haben zwei amerikanische Gelehrte, Richard Dales und Bruce Eastwood, bereits in den sechziger Jahren in detaillierten Untersuchungen der wissenschaftlichen Methodologie nachgewiesen, »daß er keineswegs als Pionier des kontrollierten Experiments anzusehen ist«. Wenn Bischof Grosseteste von *experimentum* sprach, meinte er in des Wortes ursprünglicher Bedeutung schlicht Erfahrung, die entweder von ihm selbst stammte, oder die er »häufiger noch aus den Büchern der Autoritäten bezog«. Seine Mathematik war theologisch motiviert. Aus *Deus est Lux*, Gott ist Licht, folgten die Gesetze der Optik, die er der Geometrie unterordnete. Er konnte deshalb in seinem Traktat *Von den Linien* behaupten: »Alle Ursachen natürlicher Wirkungen sind durch Linien, Winkel und Figuren anzugeben. Anders nämlich ist es unmöglich, das Warum in ihnen zu erkennen« (zit. n. Rosemann). Aus diesen Sätzen sprechen das Sonnen- und Liniengleichnis des Sokrates, die ihm Platon in *Politea* in den Mund legt, aber keineswegs eine moderne Auffassung zum Gebrauch der Geometrie in naturwissenschaftlichen Experimenten, in denen nicht »das Warum« göttlicher Emanation, sondern »das Wie« des Strahlenverlaufs oder anderer Erscheinungen untersucht wird.

Crombie hatte bewusst ausgeblendet, auf welcher metaphysischen und theologischen Grundlage Grosseteste und die anderen von ihm untersuchten Kleriker zu ihren Anschauungen gelangt waren: »So hat, egal ob Wissenschaft metaphysische Annahmen macht oder nicht, eine wissenschaftliche Theorie keine metaphysischen Folgen (*implications*)«.[90] Wie soll man das verstehen? Crombie sieht anscheinend keine logische Verknüpfung zwischen der metaphysischen Grundlage einer wissenschaftlichen Theorie und ihren Ergebnissen. So werden aus der Erfahrung göttlichen Lichts Experiment und aus den platonischen Körpern einer göttlichen Harmonie Geometrie. Dieser Kunstgriff erlaubte es ihm, aus den Schriften die Methode zu destillieren, die wir heute als Voraussetzung der Naturwissenschaft ansehen, Experiment und dessen mathematische Durchdringung. Aber selbst wenn es keine logische Verknüpfung von metaphysischer Annahme und metaphysischen Folgen gäbe, so gab es sie in der Lebenswelt, die diese frühen Interessenten des Mittelalters an Naturphänomenen vereinte. Ihre gemeinsame Triebkraft war die Suche nach Gott und das Erkennen seiner Werke in der Schöpfung. Daran haben sie ihre Ergebnisse gemessen und das war ihr Erkenntnisgewinn, den Crombie unterschlagen hat. Auf diese Weise konnte er den Stammbaum der modernen Wissenschaft auf der Traditionslinie für einige Jahrhunderte nach hinten verschieben.

Edward Jan Dijksterhuis (1892 bis 1965), Professor für Wissenschaftsgeschichte an der Universität Leiden, kann einen solchen Ursprung nicht erkennen. Er veröffentlichte mit *Die Mechanisierung des Weltbildes* einen historischen Überblick von den Griechen bis Isaac Newton, der in der Kombination von Stringenz und ausgewählter Detailgenauigkeit seiner Darstellung bis heute unübertroffen ist. Für ihn war das 13. Jahrhundert eines der Synthese zwischen der Lehre der christlichen Kirche und der Philosophie des Aristoteles.

Es gab »faktisch kein Gebiet mehr, das nicht unmittelbar oder mittelbar unter die Oberaufsicht der Theologie zu stehen kam; scheinbar rein naturwissenschaftliche Angelegenheiten, astronomische Probleme, Fragen über die Bewegung fallender oder geworfener Körper, die Erklärung von Luftdruckerscheinungen berührten fast immer prinzipielle Punkte der aristotelischen Philosophie, die zugleich von fundamentaler Bedeutung für die Theologie waren; die Grenzgebiete zwischen Naturwissenschaft und Philosophie wie Strukturtheorie der Materie und Kosmologie standen mehr denn je in Berührung mit der Glaubenslehre«.[91] Das hört sich ganz anders an als bei Crombie.

Die damals geschaffene Einheit von Glaube und Wissenschaft, so Dijksterhuis, habe dazu geführt, dass jeder Fortschritt in der Naturwissenschaft die Kirche treffen musste, die ihre Autorität mit der des Aristoteles verknüpft habe. Im 13. Jahrhundert sei allerdings von einem Fortschritt nicht viel zu bemerken. Das sagt er, obwohl er ausführlich einige Grundsätze des Albert Magnus zur Methode der Naturwissenschaft zitiert, die eine aufgeschlossene, fast moderne Sprache sprechen. Diese hohe erkenntnistheoretische Achtung vor der sinnlichen Erfahrung dürfe man aber nicht mit einer empirischen oder gar experimentellen Einstellung zur Natur verwechseln. Wissenschaft sei eine Methode, hinter den Erscheinungen wahre Zusammenhänge in der Natur aufzuspüren. Er versteht sie wie Ernst Mach, dessen Ausspruch »die Sinne lügen nicht; sie sagen nur nicht die Wahrheit« er zitiert.

Doch Dijksterhuis verfällt nicht in das Extrem, die Probleme der Mechanik deshalb gering zu schätzen, weil sie nicht wortreich nach Wahrheit sucht, sondern »nur« konstruktiven Zusammenhängen auf der Spur ist oder erst nach langer Erfahrung zu wissenschaftlichen Regeln findet. Erfahrungswissen braucht Zeit und es wächst in vielen Köpfen. Wie es Wissenschaft wird, schildert Dijksterhuis am Beispiel der Arbeit William Gilberts (1544 bis 1603) über den Magneten von 1600. Gilbert hatte zwei Vorläufer, Robert Norman und William Borough, die nach praktischer Erfahrung mit dem Kompass über den Magneten geschrieben haben. »Norman war lange auf See gewesen und hatte sich dann als Kompassmacher niedergelassen, und Borough war ein Seekapitän, der u.a. im Kampfe gegen die Armada ein Kriegsschiff kommandiert hatte«.[92] Die drei Jahrhunderte zwischen Peregrinus und Gilbert bleiben nicht leer. In ihnen findet eine allmähliche Anhäufung von Erfahrungswissen statt, in dem »der Gebrauch des Kompasses in der Schifffahrt das Interesse für den Magnetismus stets wachgehalten und zu weiteren Untersuchungen angeregt« hat. Auf diese Weise waren die Inklination, das Abtauchen der Magnetnadel im örtlichen Magnetfeld unter die Horizontale, und die Deklination, die Abweichung der Magnetnadel vom astronomischen Nordpol, und deren Schwankungen entdeckt und Apparate zu ihrer Messung konstruiert worden, die auf der Titelseite der zweiten Auflage von *De Magnete* 1628 in Szene gesetzt werden (Abbildung 35).

Die Rolle, die Dijksterhuis dem Londoner Arzt Gilbert zuweist, ist ein geradezu klassisches Beispiel für die Entstehung einer Wissenschaft auf der Grundlage von praktischen Erfahrungen. Während Norman und Borough als Männer der Praxis geschrieben und ganz auf die Praxis eingestellt und »außerhalb des Gesichtskreises der Gelehrten« auf einem mit den Rechenmeistern vergleichbaren Niveau geblieben waren, sah Gilbert, »obgleich er auch zu dieser Gilde (der Gelehrten) gehörte, den wissenschaftlichen Wert der angewandten Methode und der erreichten Resultate ein, und er verschaffte ihnen durch sein ganz auf Universitätsniveau stehendes Werk Anerkennung und Würdigung in den Kreisen, die derartige Werke lasen«. Gilbert reihe sich deshalb in eine ganze Gruppe von Vermittlern zwischen der *artes liberales* und der *artes mechanicae* ein. »Es waren sie, die die theoretische Forschung in den Dienst des täglichen Lebens gestellt, sie aber auch umgekehrt um die Erfahrungen der Praxis bereichert und durch deren Forderungen angeregt haben«.[93] Auch an anderer Stelle, und dann im Hinblick auf das 16. Jahrhundert, versteht es

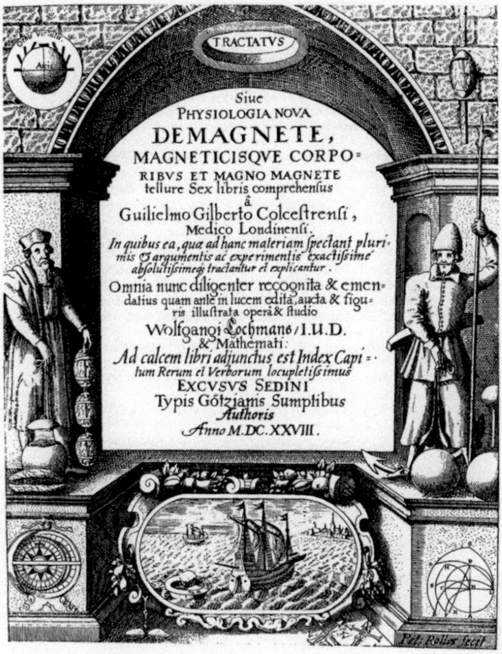
TRACTATVS
Siue
PHYSIOLOGIA NOVA
DE MAGNETE,
MAGNETICISQVE CORPO=
RIBVS ET MAGNO MAGNETE
tellure Sex libris comprehensus
â
Guilielmo Gilberto Colcestrensi,
Medico Londinensi.
In quibus ea, quæ ad hanc materiam spectant pluri-mis & argumentis ac experimentis exactissime absolutissimeq; tractantur et explicantur.
Omnia nunc diligenter recognita & emen-datius quam ante in lucem edita, aucta & figu-ris illustrata operâ & studio
Wolfgangi Lochmans / I.U.D.
& Mathemati:
Ad calcem libri adjunctus est Index Capi-tum Rerum et Verborum locupletissimus
EXCVSVS SEDINI
Typis Götzianis Sumptibus
Authoris
Anno M.DC.XXVIII.

Abbildung 35: William Gilbert De Magnete. Titelbild der 2. Auflage 1628. Links oben die terrella, ein kleiner Globus aus Magnetstein, mit dem Gilbert zeigen wollte, dass die Erde ein großer Magnet ist und sich feine Eisenstifte zum Nordpol ausrichten. Orbis Virtutis ist gleichbedeutend mit Magnetfeld. Rechts oben ein Zapfen aus Bernstein, der sich durch Reibung elektrisch auflädt, vielleicht auch ein Magnetstein. Links unten ein Kompass mit kardanischer Aufhängung, die die Schwankungen des Schiffes auszugleichen hatte. Rechts unten ein Diagramm zur Erklärung der Rotation einer Magnetnadel. Der magnetische Nordpol ist durch den Druck spiegelbildlich nach Südwest angezeigt. Der Mann auf der Linken hält eine Kette mit Magnetsteinen, die vorführt, dass der Zeichner nicht verstanden hat, was der verstorbene Gilbert demonstrieren wollte: Dass die Magnetsteine mit ihren Eisenkappen ohne Kette aneinander haften. Am Fuß der Flasche ein durchschnittener Magnetstein, dessen Teile nach Drehung um ihre Achsen wieder zusammenbacken. Die mit einem Magnetstein abgedeckte Flasche kann am Deckel angehoben werden, wie an dem an einer Öse angebrachten Seil zu sehen ist. Gilbert diskutiert die Frage, ob bei der Herstellung von Glas magnetische Substanzen eingeflossen sind. Der Mann zur Rechten steht vor einem Anker aus Eisen, der die Magnetnadel auf Schiffen empfindlich beeinflussen konnte. Um ihn herum drei Kugeln aus Magnetstein (terrellae). Neben dem Schiff schwimmt ein kreisrunder Wasserbehälter aus Holz und darin eine terrella. Mit dieser Anordnung wollte Gilbert beweisen, dass die Erdrotation magnetische Ursache hat. Überall liegen Zeiger von Schiffskompassen herum. Bei dem Schiff dürfte es sich um eine Karacke handeln.

Dijksterhuis, den Anteil der Technologie an der Entwicklung der Naturwissenschaften ihrer Bedeutung entsprechend zu würdigen:

> »Es besteht sogar der Anlaß zu der Vermutung, daß in der Vorbereitungsperiode zur klassischen Naturwissenschaft die in Wechselwirkung mit eingreifenden Veränderungen der gesellschaftlichen Ordnung schnell sich entwickelnde Technik eine Macht war, deren Bedeutung man durchaus nicht geringer anschlagen darf als den Einfluß des theoretischen Denkens«.

Aus dieser Zeit stammten auch die Versuche von »Künstler-Ingenieuren«, die als Maler, Bildhauer oder Architekten »zugleich Kanäle anlegen, Schleusen bauen, Festungswerke entwerfen und ausführen lassen und neue Werkzeuge erfinden«.[94] Ein ganz früher Künstler-Ingenieur war Giotto, der mit der Supervison des Baus des Campaniles von *Santa Reparata* in Florenz beauftragt war.

Einen weiteren möglichen Versuch gegen Eingleisigkeit hat der Wissenschaftsprofessor an der Sorbonne, Michel Serres, als Herausgeber der oben bereits angeführten *Elemente einer Geschichte der Wissenschaften* (frz. 1989, dt. 1994) unternommen. Er spannte den Bogen von der Antike zur Neuzeit über einzelne Essays verschiedener Autoren, die sich vor der Veröffentlichung trotz ganz unterschiedlicher Ansätze zusammengerauft und der Kritik von Studenten ausgesetzt hatten, um ein Abtriften in schwer verdauliches Spezialistentum zu vermeiden. Da geht es mit Paul Benoît schon mal um Rechenmeister und Warenhandel oder bei der Theologie des 13. Jahrhunderts um die Veränderlichkeit des Wissenschaftsbegriffs, bei dem der sonst kaum beachtete Begründer der mittelalterlichen Statik, Jordanus Nemorarius, mit seinen Arbeiten über die schiefe Ebene und über Winkelhebel auftaucht, mit Michel Authier um die problematische Beziehung zwischen Wissenschaft, Macht und Geschichtsschreibung am Beispiel von Archimedes, aus der er den »Kanon des Gelehrten« destilliert, und mit Catherine Goldstein um die allzu glatte Definition des Kreises, hinter der sich die Geschichte ganzer Kulturen verbirgt. Es sind allesamt Lockerungsübungen gegen eingefahrene Erklärungsmuster und ein Plädoyer dafür, die Geschichte der Wissenschaften aus vielfältigen Blickwinkeln zu beleuchten.

Jordanus Nemorarius z.B., von dem wir nichts wissen außer dass er wahrscheinlich in der ersten Hälfte des 13. Jahrhunderts gelebt und Bücher über Mathematik und Statik geschrieben hat, könnte zur Frage Anlass geben, mit welchem mathematischen Rüstzeug die auf zahlreichen mittelalterlichen Illuminationen zu sehenden Verladekräne in den Häfen Genuas und Venedigs konstruiert wurden. Einige von ihnen sehen noch genau so aus wie die seit der Antike bekannten Drehkräne mit Tretrad, dessen Umdrehungen ein langes Seil aufrollten, um mit einer Verlängerung des Weges den Kraftaufwand für das Heben von Gewichten zu reduzieren. Es scheint, dass im Abendland das mechanische Wissen der Antike nicht so weggebrochen ist wie das philosophische und in mündlicher Tradition weitergegeben oder durch arabische Vorbilder wieder aufgefrischt worden war.

Die Hebelgesetze des Archimedes waren im Mittelalter den scholastischen Gelehrten nicht bekannt, und doch kippten die Kräne mit ihrer Last nicht ins Wasser. Beruhte ihre Stabiliät lediglich auf über den Daumen gepeilten Erfahrungen der Praktiker oder wurde gerechnet? Mit Jordanus' Schrift über Gewichte hätte es zumindesten einen ersten mittelalterlichen Ansatz für Berechnungen des erforderlichen Kraftaufwandes gegeben (*Elementa Jordani super demonstrationem ponderis secundum situs*). In ihr entwickelte er die Hebelgesetze mit einem ganz eigenen Gedankengang, von dem Károly Simonyi in seiner *Kulturgeschichte der Physik* begeistert berichtet.[95] Jordanus habe mit seinem Axiom über die zum Anheben einer Last erforderlichen Kräfte den Keim des Energieerhaltungssatzes formuliert und das sei »der erste selbständige Schritt der europäischen Wissenschaft, der über die Antike und selbst über die von den Arabern verfeinerten antiken Erkenntnisse hinausgeht«. Immerhin konstatiert Simonyi, dass im Mittelalter der größte Fortschritt auf dem Gebiet der Physik in der Mechanik erzielt worden sei, allerdings ohne näher darauf einzugehen. Er dürfte vor allem die Werkmühlen mit Nockenwelle im Auge gehabt haben, die eine Drehbewegung in eine senkrechte umwandelte, und so Werkstoffe bearbeiten konnte, z.B. Stoffe walken und Eisen schmieden, oder den durch Pedale angetriebenen Schwung des Spinnrads, der mit Treibriemen auf eine höhere Umdrehung der Spindel übersetzt wurde.

Pierre Duhem hatte bereits an Hand der in den Bibliotheken lagernden Manuskripte vom enormen Einfluss gesprochen, den Jordanus auf die Mathematiker bis ins 16. Jahrhundert ausübt habe.[96] Wenn es diesen Einfluss gab, dann ist die Frage naheliegend, ob ein Zusammenhang mit den Leistungen der Baumeister gotischer Kathedralen und den mechanischen Errungenschaften in anderen Bereichen besteht. Falls Jordanus, wie auch vermutet wird, Lehrer in Paris war, wo seine Arithmetik an der Universität bis ins 16. Jahrhundert häufig kommentiert wurde[97], dann hätte er z.B. die letzte Phase des Baus der Kathedrale von Nôtre-Dame erleben können, bei der die äußeren Streben zur Verminderung des Dachschubes angebracht wurden. Sie gelten als Voraussetzung dafür, dass in gotischen Kirchen der Innenraum von stützenden Mauern freigehalten werden konnte. Jordanus hätte die Möglichkeit gehabt, an den beim Bau eingesetzten großen Kränen Hebelwirkungen zu beobachten. Er hätte aus einer lang geübten Praxis profitiert, so wie auch die Baumeister von seinen Überlegungen profitieren konnten.

Mit diesem Exkurs zu Jordanus wollte ich zeigen, dass es nicht ausreicht, die Position eines Wissenschaftlers in der Tradition zu anderen Wissenschaftlern zu bestimmen, sondern dass man seine Wirksamkeit auf gesellschaftliche Tätigkeiten, auf die er einwirken oder von denen er lernen kann, in den Blick nehmen muss. Mit Mathematik, verstanden als Instrument und nicht als philosophisches Spiel, soll gerechnet und berechnet werden, Profit, Zins, Hebelwirkung, Tragfähigkeit, was auch immer. Machen sich Mathematiker darüber Gedanken, so wie es Fibonacci und Jordanus getan haben, dann werden Rechenoperationen zu Operationen im Arbeitsprozess mit dem Verlangen nach größerer Genauigkeit, die dann nur mit einer wissenschaftlichen Aufrüstung zu erreichen ist. Die angewandte Mathematik in Ökonomie und Mechanik gerät unter den Zugzwang der Macher und muss sich ihm unterwerfen, Methoden verfeinern und über ein höheres Maß an Abstraktion Rechenverfahren vereinfachen, beschleunigen und ständig neuen Erfordernissen anpassen. Ergebnis sind nicht nur neue Methoden des Rechnens, sondern schließlich auch eine ganz anders geartete theoretische Mathematik. Diese Entwicklung hat im 13. Jahrhundert eingesetzt. Die Mathematik wurde vom Kopf auf die Füße gestellt bzw., in der Sprache der naturwissenschaftlichen Traditionslinie, sie wurde aus einer platonischen Kopfgeburt des Ausmessens göttlicher Harmonie zu einem Instrument der Lösung irdischer Probleme gemacht.

Deshalb empfiehlt es sich, beim Durchmarsch durch diese Traditionslinie erst einmal innezuhalten und sich der neuen Teilnehmer an der Entwicklung zu versichern. Dann wird sich das sogenannte Kontinuitätsproblem in Luft auflösen, das mit der Fixierung auf die Vertreter der scholastischen Wissenschaft entstanden war, aus der heraus der Übergang zur Neuzeit begründet werden sollte. Es sind andere Akteure, die das geschafft haben. Sie fallen nicht unter den Wissenschaftsbegriff der Scholastiker, die eben dabei waren, sich beim Versuch, das antike Erbe mit ihrer Theologie in Deckung zu bringen, in unlösbare Widersprüche zu verwickeln. Sie gerieten in die Sackgasse, von der Lindberg spricht, und die in der Debatte um das Für und Wider einer Kontinuität eine Rolle spielt. Als sie glaubten, die Synthese sei gelungen, wurde offenbar, dass sie auch dem reichlich vorhandenen empirischen Material des Erbes Gewalt angetan hatten. Die neuen Erfolg versprechenden Kombinationen, der Verbindung von Mechanik und Mathematik, wie das Jordanus ansatzweise vorexerzierte, und der Verbindung von Mathematik und Ökonomie, die Fibonacci ausarbeitete, blieben der Scholastik fremd, sie hatte nichts dergleichen zu bieten. Im Gegenteil: Diese Verbindung bereitete ihr prinzipielle Probleme, da Aristoteles in seiner Metaphysik Mathematik, Naturwissenschaften und Gotteslehre zu den theoretischen Wissenschaften gerechnet hatte, in denen die Reflexion »ihr Wesen erforschen und ergründen muss«. Dieses Wesen, was immer das sein soll, ist im Auge zu behalten, wenn man bei den Vertretern der Scholastik *experimentum* liest und daraus einfach Experiment im modernen Sinn macht. Das Wesen war eine Denkaufgabe, keine Handlungsanweisung zum Gebrauch der Mathematik in profanen Tätigkeiten.

Das Neue an Fibonacci und Jordanus bestand nicht in der Negation der Überlieferung. Sie standen in der Tradition und haben beide gewaltig von ihr profitiert. Das Neue war diese Kombination, die sie mit den Aktivitäten in den aufstrebenden Städten verband, ein kleiner Unterschied mit großer Wirkung, eine Zäsur. Mit ihnen begab sich das mathematische Erbe auf seinen langen, aber letztlich unwiderstehlichen Weg zu einer produktiven Verwendung, die mit einer Theorie als Schau des Göttlichen nichts mehr zu tun hatte.

Angewandte Wissenschaft oder Werkelei?

Die Medizin ist wahrscheinlich die älteste angewandte Wissenschaft, in der die Praxis mit einer Art von theoretischem Überbau verbunden war, der das Handeln leitete. Dieser Überbau ist besser als ein in sich geschlossenes System von Anschauungen zu bezeichnen, das sich von einer abstrahierenden Theorie dadurch unterscheidet, dass der Bezug zu empirischen Beobachtungen nie verloren geht, sondern seine Konstruktion bestimmt. Das Fundament dafür hat Galen gelegt, und es hat fast eineinhalb Jahrtausende den Ansprüchen, die Heilkunst auszuüben, genügt. Was machte es so unwiderstehlich? Woraus gewann es seine Stabilität? Ich sehe in ihm ein Grundmuster jeder erfolgreichen angewandten Wissenschaft verwirklicht, die der täglichen Praxis einen Leitfaden an die Hand gibt und in einem wohldefinierten Rahmen das Gefühl der Sicherheit vermittelt, richtig zu handeln. Im ständigen Abgleich zwischen der ausufernden Vielfalt der Anforderungen einer praktischen Tätigkeit und der konzentrierenden Einordnung in ein vorgegebenes System erwächst ein abgesichertes Urteil in jedem Einzelfall, eine Theorie des Handelns. Diesen Zusammenhang hat Saliceto in seinen Einlassungen zur Praxis der Bader und Chirurgen, die ich oben erwähnt habe, fast wie ein Glaubensbekenntnis formuliert, als Unterschied zwischen der blindwütigen Werkelei unausgebildeter Pfuscher und dem zielstrebigen Handeln eines über die Grundlagen der Anatomie und Pharmazie wohlinformierten Chirurgen. Saliceto verlangte »rationale Motive« bei den Operationen. Es ist bestimmt kein Zufall, wenn unter den ersten Gelehrten, die vom hohen Ross der Wissenschaft stiegen, um sich auf Bergwerke (Agricola), den Kompass (Gilbert) und chemische Produktionsverfahren (Stahl) einzulassen, auffallend viele Mediziner ohne Berührungsängste mit praktischen Tätigkeiten zu finden waren.

Im Mittelalter wurde die Heilkunst nicht den hoch angesehenen sieben freien Künsten, sondern den als minderwertig betrachteten praktischen Künsten (*artes mechanicae*) zugerechnet. Sie war damit, nach einer Liste des Pariser Kanonikers Hugo von St. Viktor (1097 bis 1141), auf gleicher Höhe mit der Schauspielkunst, der Jagd, der Schifffahrt, dem Bauhandwerk, der Weberei und der Waffenschmiede. Auch noch über 300 Jahre später sind sie für Zamorensis »von denen zu betreiben, die nichts besseres können, (…) vom Volk und den Nichtadeligen«.[98] Aber Zamorensis sieht bereits, »wie vil hochgelerte und erleüchte mann auß jnen entsprungen seind«.

Die pauschale Hochnäsigkeit gegenüber einer Beschäftigung mit materiellen Dingen im Verein mit dem Dünkel des Alphabeten in einer analphabetischen Gesellschaft hatten die Scholastiker aus einer ganzen Reihe antiker Schriften entnehmen können, darunter die *Politik* des Aristoteles, der sie, den griechischen Verhältnissen entsprechend, in die Nähe von Sklavenarbeit gerückt hatte, oder wie Plato in *Nomoi* (Die Gesetze) für einen freien Bürger gleich ganz verbot. Auch das Naserümpfen des Römers Lucius Aeneus Seneca (gest. 65 n. Chr.) konnte sie in ihrer Haltung bestärken. Nicht Dädalus, der technische Teufelskünstler, sei zu bewundern, denn sein Körper und Geist blickten auf die Erde, sondern der große Geist sei Diogenes, der Philosoph, der nach oben schaut.[99]

Versuchen wir einmal diese Liste vor dem Hintergrund der mittelalterlichen Feudalität, der städtischen Tuchmanufakturen, der Architektur der Gotik, des Seehandels und der ständigen kriegerischen Auseinandersetzungen zu sehen, dann fällt auf, dass sie die praktisch handelnden Teile der Gesellschaft mit Ausnahme der Bauern umfasst. Sie liest sich im Rückblick wie ein *Who is who?* derjenigen, die zu neuen Ufern aufbrechen. Und sie enthält die Beispiele, mit denen ich mich befasst habe. Aus ihnen war zu erkennen, welche intellektuelle Kraft mobilisiert werden kann, wenn das alltägliche Handeln genauer unter die Lupe genommen und über die Bedingungen nachgedacht wird, dem es unterliegt. Es war eine Wissenschaft im Entstehen, wie wir im Nachhinein festellen können, noch nicht ausgearbeitet zum System, weder in der Methodik, noch in der Begrifflichkeit, die Wissenschaftlern eine Plattform zur Verständigung bieten könnte, ein *Interregnum*: Nicht mehr nur Handwerk, aber auch noch nicht Wissenschaft, nach der trotz allen technischem Könnens kein wirkliches Verlangen war.

Ein Zustand, in dem, wie Kuhn schreibt, Fakten zusammengetragen werden, »die nicht zufällig entdeckt werden konnten«, weshalb »die Technologie eine wesentliche Rolle bei der Entstehung neuer Wissenschaften spielt«.[100] Nicht zufällig entdeckt wurden sie in einem wiederholten und zielgerichteten Arbeitsprozess. Die Konsequenzen, die Kuhn aus der wesentlichen Rolle zieht, laufen allerdings auf deren Missachtung und Abwertung hinaus. Die Fakten erwiesen sich nämlich eine Zeitlang als so komplex, »dass sie der Theorie überhaupt nicht integriert werden konnten«, oder es fehlten genau die in den Beschreibungen, die »die Wissenschaftler später als Quelle für wichtige Inspirationen entdeckten«. Das Klagelied Kuhns auf die Unreife früher Versuche, den Erscheinungen sofort mit einer ausgereiften Theorie auf den Leib zu rücken, die er als »Vor-Paradigma-Zeit« bezeichnet, bringt ihn nicht dazu, die von der Technologie entdeckten Fakten unter die Lupe zu nehmen und auf ihre theoretische Potenz hin zu untersuchen, sondern dazu, die zur Aufnahme der Fakten impotente Theorie weiterhin zum Maß aller Dinge zu erklären. Er verpasst die Gelegenheit, das sich anbahnende Wechselverhältnis von Praxis und Theorie an seiner Quelle zu fassen und das Anschwellen des Stroms weiter zu verfolgen, statt sich von ihm überraschen zu lassen.

Die Lage der Scholastiker war, was ihr wissenschaftliches Rüstzeug anging, vergleichsweise komfortabel. Die Grundzüge ihrer Wissenschaft waren ihnen durch die Übersetzung antiker und arabischer Quellen quasi frei Haus geliefert worden, einschließlich der beobachteten Fakten, auf der sie beruhte. Ihnen blieben das Jammertal des Zusammentragens von Tatsachen, das Herumtapsen in der Finsternis der Begriffslosigkeit und die mühsame Suche nach einer Klassifizierung der Erscheinungen erspart. Sie bezogen ihr Wissen aus Büchern und sie blieben mehrheitlich dabei. Der Gebrauch des Kopfes in den höheren Sphären der Abstraktion erzeugte von Anfang an ein Gefühl der Überlegenheit, wenn sie mit Hilfe eines allgemein akzeptierten Begriffsapparats in einem »Netzwerk der Theorie« (Kuhn) miteinander kommunizierten. Das ist eine Sache. Eine andere ist, wenn Historiker der Wissenschaft auf Grund des Startvorteils die unausgereiften Versuche auf den neuen Feldern gering schätzen, Versuche, die kaum antike oder arabische Wurzeln haben, sondern von der Gesellschaft gemacht wurden, der auch die Scholastiker angehören. Ihre Träger waren keine Philosophen, sie bezogen sich auf das, was die taten und nicht auf das, was schon einmal gedacht worden war. Sie fingen ganz von vorne an und brachten Erstaunliches zuwege, das nicht in den theoretischen Rahmen der Scholastik passte, sondern wegen seiner Komplexität über ihn hinaus führte.

Die Träger des Neuen

Diese Entwicklungen haben im Mittelmeerraum begonnen, der schon der Schauplatz für die Synthese der antiken mit der arabischen Wissenschaft und ihrer Übernahme durch das christliche Abendland gewesen war, und sich auf Italien, die Mittelmeerküsten Frankreichs und auf die Balearen konzentrierte. In dieser Atmosphäre kulturellen Austauschs, zugespitzter Handelskonkurrenz und kriegerischer Auseinandersetzungen entstand der aus Neugier gespeiste Realismus, dessen Nerv Giotto mit seiner Malerei getroffen hat. Seine Träger saßen nicht in Klöstern, sondern fuhren zur See, betrieben Banken in weltweiten Handelsgeschäften, bestimmten mit ihren Zünften das Leben der Städte und begannen, sich in die universitäre Ausbildung einzumischen. Es war ein kraftvoller Motor, der da in Gang gesetzt worden war und bald Potentaten aller Couleur in Abhängigkeit brachte und ihr Handeln mitbestimmte. Er hat auch die angewandten Wissenschaften in Gang gesetzt und erste Elemente moderner Naturwissenschaft hervorgebracht. Es war eine Zäsur im Denken, die der Induktion gegenüber der Deduktion den Vorzug gab, oder, anders ausgedrückt, die den Erkenntnisgewinn nicht aus philosophischen Systemen, sondern aus eigenen Beobachtungen und Tätigkeiten ableitete.

Ich will nicht bestreiten, dass auch in der scholastischen Methodik um 1300 Ansätze zu finden sind, die auf Induktion im Zusammenhang mit Naturphänomenen zielen. Was ich bestreite ist, dass diese bei dem einen oder anderen Philosophen vorhandenen Elemente einen nachweisbaren Einfluss auf die Herausbildung einer naturwissenschaftlichen Methode ausgeübt haben, wie das üblicherweise in den allgemeinen Wissenschaftsgeschichten dargestellt wird. Eine Traditionslinie von der Impetustheorie zu Galilei (1564 bis 1641) z.B. ist nicht zweifelsfrei nachzuweisen, wohl aber eine von Archimedes über den venezianischen Mathematiker Niccolò Tartaglia (ca. 1499 bis 1557) und dessen Schüler Giovanni Battista Benedetti (1530 bis 1590) zu Galilei. Tartaglia hatte den optimalen Abschusswinkel einer Kanone mit 45° erkannt und kubische Gleichungen gelöst, Benedetti hatte die Mechanik des Aristoteles scharf kritisiert. Sein Gedankenexperiment zum freien Fall, das Aristoteles' Annahme widerlegte, dass ein schwerer Körper schneller falle, wurde von Galilei ohne Nennung Benedettis in seinen *Discorsi* erwähnt.

Eine Art Manifest Galileis, das er in *Il saggiatore* (Der Goldwäger) von sich gegeben hat, weist auf andere Ahnen als die Philosophen der Impetustheorie. Es sind diejenigen, die im Mittelalter wieder zu rechnen angefangen haben und die Mathematik als Werkzeug zur Beschreibung von Naturphänomenen benutzten:

> »Die Philosophie ist in jenem großen Buch geschrieben, das vor unseren Augen offen liegt (ich meine das Universum), aber bevor wir verstehen können, müssen wir die Sprache und die Zeichen dieses Buches lernen. Es ist in der Sprache der Mathematik geschrieben, und seine Buchstaben bestehen aus Dreiecken, Kreisen und anderen geometrischen Figuren, ohne deren Maß es unmöglich ist, eine menschliche Sprache zu finden; ohne diese ist es ein vergebliches Herumirren durch ein dunkles Labyrinth.«[101]

Galilei hat hier im Zusammenhang mit der Berechnung der Planetenbahnen ausschließlich geometrische Verfahren im Blick und wahrscheinlich das antike Vorbild Ptolemäus vor Augen, aber das Entscheidende seiner Aussage liegt in der Kritik an der Philosophie, die er auffordert, in der Sprache der Mathematik zu reden, ohne deren Maß keine *menschliche* Sprache für die Erscheinungen im Universum gefunden werden könne. Die Beobachter des Universums früherer Zeiten, Ptolemaeus eingeschlossen, hatten nicht nach einer menschlichen Sprache, sondern nach einer göttlichen Harmonie gesucht.

Die Impetustheorie war nicht in der Sprache der Mathematik geschrieben, sondern eine philosophische Spekulation, die Galilei wegen ihrer weiten Verbreitung sicherlich bekannt gewesen sein dürfte. Er hat sie jedoch nicht zum Ausgangspunkt seiner Überlegungen gemacht. Solche Annahmen haben mit Missverständnissen über den Gebrauch des Begriffs *impeto* bei Galilei zu tun, der ihn modern als Impuls eines Körpers mit Masse verstand und nicht als ein Kraftprinzip, das dem Körper von außen eingebrannt wird.[102]

Im Gegensatz zur Konstruktion einer Traditionslinie von der Impetustheorie zu Galilei, gelingt es leicht, eine solche von Galen über die ersten zur Unterrichtung vorgenommenen Sektionen in Bologna durch Mondino bis zum Anatomen Vesal zu ziehen, der seine Anatomie in direkter Auseinandersetzung mit Mondino entwickelt hat. Die Mediziner hatten eine eigene, von Aristoteles und der scholastischen Methode der Disputation weitgehend unabhängige Ahnenreihe, die mit ihrer Praxis verbunden war und auf die sie stolz waren. Es gelingt auch ohne große Anstrengung eine Traditionslinie von den Portolankarten zu den Karten mit Mercatorprojektion auszumachen, die nicht nur zufällig mit dem Ausgreifen der Seefahrt auf den Atlantik zusammenhängt, während die Weltkarten der Mönche überallhin, nur nicht in die Neuzeit führen. Und von den freihändigen Raumillusionen Giottos war es nur ein kurzer Weg zur Zentralperspektive der Konstruktionszeichnungen von Architekten und Malern der Renaissance und zu detailgenauen räumlichen Abbildungen von Maschinen und des menschlichen Körpers.

Bei Friedrich II. muss ich passen. Sein Beispiel machte offensichtlich nicht Schule, während die Pferdemedizin seines Marschalls Ruffus bis ins 17. Jahrhundert kopiert und gedruckt wurde. Friedrichs Falkenbuch war nicht in der Versenkung verschwunden, weil überholt oder widerlegt, sondern wegen seiner von Anfang beschränkten praktischen Verwendung in einer hauchdünnen Schicht der obersten Aristokratie. Es ist bezeichnend, dass der erste deutsche Übersetzer 1896 ein schlesischer Rittergutsbesitzer war. Man kann aus dem Fehlen einer Traditionslinie herauslesen, welche wichtige Rolle das jeweilige Milieu bei der Pflege und Weiterentwicklung des einmal Erreichten spielt. Ist dieses Milieu dünn besetzt oder bricht es ganz weg, geraten auch einmal erbrachte Leistungen schnell in Vergessenheit.

Träger der Weiterentwicklung der Seekarten waren die Händlernationen des westlichen Mittelmeers, zu denen sich bald ihre Konkurrenten aus Portugal und den Ländern Nordeuropas gesellten. Auch die Mathematik verdankte ihnen eine pflegliche Hand und sicherte ihr eine anhaltende Aufmerksamkeit. Nicht nur Kapitäne mit ihren Schiffen und Rechenmeister mit ihren Schülern bildeten das Rückgrat der kollektiven Anstrengungen, sondern alle, die ihre Existenz im Geflecht konkurrierender Handelsinteressen gefunden hatten und sich behaupten mussten. Errungenschaften in diesem Milieu boten Aussicht auf Erfolg, und das war ein starkes Argument dafür, das Niveau zu heben und alltägliche Arbeitsabläufe auf eine rationale Grundlage zu stellen.

Bei den Scholastikern war die Situation eine andere. Sie als Träger der herrschenden Ideologie unter der schützenden oder strafenden Hand der straff organisierten und weltweit operierenden Papstkirche, brauchten nicht zu befürchten, nicht wahrgenommen zu werden. Höchste Aufmerksamkeit war ihnen sicher, wenn sie philosophische Antworten auf gesellschaftliche Veränderungen zu finden hatten. Ihr Milieu inszenierte Debatten als Echo auf die Auflösungserscheinungen in Kirche und Feudalität, und damit verbunden auch solche, die einer von der Bibel unabhängigen Interpretation der Natur einen Riegel vorzuschieben hatten. Das war keine Spiegelfechterei, sondern ein verbaler Kraftakt um die Macht oder ihres Erhalts. Dieses Milieu hatte schon zu Lebzeiten so viel Gewicht, dass es Historiker heute noch zu erdrücken droht und Alternativen aus anderen Milieus an den Rand befördert.

Um 1300 haben weder die Scholastik mit ihrem antiken Rüstzeug noch die angewandten Wissenschaften, die noch in den Kinderschuhen steckten, eine tragfähige Methode entwickelt, der Natur und ihren Erscheinungen zu Leibe zu rücken. Einzelne Erfolge sind, wenn auch nicht zufällig, so doch auch nicht Resultat einer verlässlichen Methode. Die Frage in dieser Situation lautet also nicht, ob einzelne Ergebnisse ein wenig Licht verbreiten, sondern wie sie zustande gekommen sind. Auf den Erkenntnis*prozess* kommt es an, weniger auf die Erkenntnis selbst, die noch ohne stabile Grundlage gewonnen worden ist und schnell wieder in der Versenkung verschwinden konnte. »Ich habe es gesehen« ist nur dann von bleibendem Wert, wenn eine Charakterisierung des Gesehenen anhand wesentlicher Merkmale eine Durchdringung des Gegenstandes und seiner Funktion erlaubt. Die sezierenden Ärzte waren dazu noch lange nicht in der Lage, aber Friedrich II. hat schon vorgemacht, wie es gehen könnte.

Kontaktaufnahme von Wissenschaft und Handwerk

Es wird sich bald zeigen, dass in den Tätigkeiten der Navigatoren, Baumeister, Ärzte, Rechenmeister und Bergleute das Potential für eine wissenschaftliche Methodik schlummerte. Der amerikanische Wissenschaftshistoriker- und Philosoph Thomas S. Kuhn (1922 bis 1996) ist da ganz anderer Meinung. Er bezweifelt, dass auf diesem Weg etwas Neues entstehen kann.[103] Seine Argumentation, die er im Zusammenhang mit der gesellschaftlichen und wirtschaftlichen Rolle der Wissenschaften und der Aufgabe des Historikers entwickelt, läuft darauf hinaus, Wissenschaft und Technik als grundverschieden zu behandeln. »Dass die Zweige der Technik zwischen der Renaissance und dem späten 19. Jahrhundert gewöhnlich als Künste bezeichnet wurden, ist kein Zufall«. Wie wir gesehen haben, sind die Künste aus historischen Gründen, die bis in die Antike zurückreichen, in eine minderwertige Position geraten. Ich glaube nicht, dass mit einer nahtlosen Übernahme solcher Klassifizierungen, die ursprünglich eine Klassentrennung festschreiben sollten, die Prozesse der Entstehung der neuzeitlichen Wissenschaften angemessen zu beschreiben sind.

Auch Kuhn glaubt es nicht wirklich. Denn er kennt Wechselwirkungen zwischen Wissenschaft und Technik. Es sind die Statik für die Antike und die neuen Wissenschaften des 17. Jahrhunderts mit Statik, Magnetismuslehre, Chemie und Thermodynamik. In allen diesen und zahllosen weiteren Fällen hätten sich »entscheidende Fortschritte im Verständnis der Natur aus der Entscheidung von Wissenschaftlern, sich mit dem Können von Handwerkern zu beschäftigen« ergeben. Worauf diese Entscheidung beruht und welche Fortschritte erzielt worden sind, sagt er nicht. An anderer Stelle wird die positive Einschätzung wieder zurückgenommen. Es sei Wissenschaftlern, »die ihre Probleme aus der Technik entnahmen«, von wenigen unwesentlichen Ausnahmen abgesehen, lediglich gelungen, »die Methoden, die vorher ohne Hilfe der Wissenschaft entwickelt worden waren, zu bestätigen und zu erklären, aber nicht zu verbessern«. Danach wäre es Aufgabe des Wissenschaftlers gewesen, sich direkt in den Produktionsprozess einzuschalten und wie ein Techniker an konstruktiven Details zu arbeiten. Diese Rolle hat er jedoch nicht zu spielen. Für ihn sind diese Maschinen oder Produktionsabläufe so etwas wie eine experimentelle Anordnung in Großformat, deren Studium ihn zur Formulierung grundlegender physikalischer, chemischer oder mathematischer Zusammenhänge anregen kann. Auf diese Weise kam Sadi Carnot 1824 beim Studium der Funktionsweise von Dampfmaschinen zur Formulierung seines thermodynamischen Kreislaufprozesses. Von wissenschaftlichen Ergebnissen kann der Techniker profitieren, wenn er sie als Bereicherung für seine Entscheidungen erfährt, etwa weil sie Berechnungen vereinfachen, den Material- und Energieeinsatz vermindern helfen, die Maschinenleistung erhöhen und den Produktionsprozess beschleunigen. Reine Wissenschaft wird zur angewandten Wissenschaft in diesem wechselseitigen Verhältnis, in dem beide voneinander lernen und ihre Methoden aufeinander abstimmen. Weder wird der Wissenschaftler, der sich mit Technik beschäftigt, zum Techniker, noch wird der Techniker, der wissenschaftliche Methoden zur Grundlage seines Handelns macht, zum Wissenschaftler. Sie bleiben, was sie waren, und haben sich doch verändert.

Es ist für mich deshalb nicht nachvollziehbar, weshalb Kuhn in den einleitenden Sätzen des Kapitels davon spricht, dass technisches Quellenmaterial für die historische Forschung »ohnehin so gut wie keine Bedeutung hätte«. Er verweist auf Vorworte mechanischer Schriften des 17. Jahrhunderts, in denen häufig der Nutzen der Wissenschaft für den Maschinenbau und für Produktionsverfahren beschworen wurde. Aber in Wirklichkeit, sagt Kuhn dazu, »gedieh die Technik trotz der drei Jahrhundete lang wiederholten mahnenden Thesen Bacons (Francis 1521 bis 1626, nicht Roger) und seiner Nachfolger ohne nennenswerte inhaltliche Anleihen bei den Wissenschaften bis vor 100 Jahren«, das sind die 1870er Jahre.

Diese Diagnose ist sowohl für die Wissenschaft als auch für die Technik falsch. Otto von Guerickes öffentlichkeitswirksame Demonstration der gewaltigen Kräfte des Vakuums auf dem Reichstag in Regensburg 1654 brachte schon im Vorfeld den Techniker und Wissenschaftler in einen intensiven Meinungsaustausch über alle damals trennenden religiösen Schranken hinweg. Er stand am Beginn einer Dynamik, an der Wissenschaftler und Mechaniker gleichermaßen beteiligt waren, und die in kurzer Zeit die Dampfmaschine und eine neue Physik der Atmosphäre hervorbrachte. Die direkten Initiatoren der industriellen Revolution kann man nicht mit der Bemerkung beiseite wischen, es habe seit Francis Bacons Methodenlehre von 1620 (*Novum organum scientarum*) und 1870 Funkstille zwischen Mechanik und Wissenschaft geherrscht. Es waren sogar Wissenschaftler der Jesuiten wie Kaspar Schott (1608 bis 1666) an der Diskussion mit von Guericke beteiligt, die ihre Begeisterung trotz der Vorbehalte gegen die Existenz eines Vakuums nicht verbergen konnten. Schott hat dafür gesorgt, dass dessen Versuche veröffentlicht wurden[104], und er korrespondierte mit den führenden Wissenschaftlern seiner Zeit, mit dem Astronomen, Physiker und Mathematiker Christian Huygens (1629 bis 1695) und dem Chemiker und Physiker Robert Boyle (1627 bis 1691). Nicht nur Schotts voluminöses Werk über technische Konstruktionen war gespickt mit mathematischen Berechnungen ihrer Funktionsweise, sondern viele andere auch verschmolzen geradezu Mathematik mit Mechanik zu einer *Matheseos Universae*, in der die Mechanik wie von Weigel als »Wissenschaft der bewegenden Kräfte« bezeichnet wurde, von der der Maschinenbau profitiere.[105] Zu ihnen gehört der Professor für Mathematik und Philosophie an der Universität in Halle und Marburg, Christian Wolff (1679 bis 1754), der in zahlreichen Büchern den Zusammenhang von Mechanik und Mathematik als regelrechtes Ausbildungsprogramm mit steigendem Schwierigkeitsgrad veröffentlichte. Er war Mitglied der *Royal Society*, der *Berliner Akademie der Wissenschaften* und der *St. Pertersburger Akademie* (Christiano Wolfio, *Elementa Matheseos Universae*. Halle 1713). Auch die Mediziner Johann Friedrich Gmelin (1748 bis 1804), der bereits 1786 *Grundsätze der technischen Chemie* veröffentlichte, und Georg Ernst Stahl gehören dazu, über den weiter unten noch zu berichten sein wird. Die Diagnose muss daher lauten: Es bestanden längst fruchtbare Beziehungen zwischen der Mechanik, der Physik, der Chemie und den mathematischen Wissenschaften. Und sie waren für beide Seiten von großem Nutzen und sie hatten eine große gesellschaftliche Wirkung. Was will man mehr, wenn es um Wissenschaft geht?

Otto von Guericke fällt durch das Raster Kuhns, weil er keiner wissenschaftlichen Gemeinde zuzuordnen ist, sondern aus der Praxis kommt. Aber warum will er Wissenschaftler wie Christian Wolff nicht zu denen zählen, die Bedeutendes für den technologischen Fortschritt geleistet haben? Warum sieht er nicht, welche Kraft hinter diesen Technologien steckt, wenn sich sogar Jesuiten ausführlich mit ihr auseinandersetzen mussten und fest gefügte philosophische Erklärungsmuster ins Wanken gerieten?

Ich habe den Verdacht, dass er seine Meinung über die zu vernachlässigende Rolle der Technologie zur Begründung für seine Konstruktion der Struktur wissenschaftlicher Revolutionen braucht, in der die Ablösung einer etablierten Wissenschaft nur durch Vorgänge innerhalb dieser Wissenschaft erfolgt. Deshalb werden Anstöße von außen bis zur völligen Vernichtung abgewertet und die zugegebene Geburtshelferrolle der Technik für neue Wissenschaften nicht zum Ausgangspunkt der Überlegungen gemacht und weiter untersucht. Erklären, woraus sich die Dynamik speiste, die den Schub zum Paradigmawechsel ausgelöst hat, das kann er mit diesem Ausschluss nicht. Denn für Kuhn kam der Schub »natürlich aus dem persönlichen Genie Galileis«.[106]

Davor lag für ihn das Paradigma der Impetustheorie. Daneben aber gab es nichts. Keine Zeitmessung, keinen Kompassgebrauch, keine verbesserten Rechenmethoden, keine Tiefschachtförderanlagen im Bergbau, keine Dynamik von Ladekränen, kurz nichts, was durch massenhaften Generationen übergreifenden Gebrauch die bewusste Wahrnehmung des Zusammenhangs von Zeit, Raum, Bewegung und Schwerkraft fördern konnte, und das zu einer Zeit, als das einzige vorzeigbare Paradigma Impetustheorie keinerlei Berechnungen von praktischem Wert anzubieten hatte, nicht einmal den richtigen Abschusswinkel für die noch junge Kanone. Eine neue Wissenschaft, so scheint es, entsteht nur durch Ablösung ihres Vorgängers in einem genialen Akt, der die Vorzeichen wechselt und die widerstrebende wissenschaftliche Gemeinde allmählich auf einen neuen Kurs zwingt. Kuhns Struktur wissenschaftlicher Revolutionen produziert Scheuklappen, die die stärksten Triebkräfte der Wissensakkumulation ausblenden. Auch ich habe mich von seiner eingängigen Konstruktion eine zeitlang verführen lassen.

Die strikte Bindung von Wissenschaft an ein sich selbst als wissenschaftlich definierendes Milieu hat der Scholastik ein unverhältnismäßiges Gewicht verliehen, das ihr für die Geschichte der Naturwissenschaften nicht gebührt. Die fruchtbaren neuen Felder werden allenfalls Spezialisten überlassen und in der Traditionslinie erst dann plaziert, wenn die Ernte eingefahren ist. Glaubt man der allgemeinen Historie der Wissenschaft des Mittelalters, dann sitzt der Kopf im Konvent über Büchern und der Handelnde navigiert kopflos zur See. Theorie und Praxis werden an einer Naht getrennt, die den Verhältnissen im ausgehenden Mittelalter nicht mehr gerecht wird. Ihr Zusammenspiel entfaltet sich nicht zwischen der untauglichen scholastischen Methode und den praktischen Tätigkeiten, sondern innerhalb dieser Tätigkeiten. In ihnen ist der Zeitpunkt zu erkennen, an dem entscheidende Änderung im Verhältnis der beiden den Übergang zur angewandten Wissenschaft und zu einem neuen Verständnis von Theorie einleiten. Ich werde an zwei gut dokumentierten Beispielen aus späteren Jahrhunderten zeigen, wie man sich den Beginn des Wechselspiels vorzustellen hat, wenn Wissenschaftler nicht-scholastischer Prägung in der Rolle des Vermittlers von Theorie und Praxis auftreten und beide davon profitieren.

Georg Agricola (1494 bis 1555) praktizierte als Arzt und Apotheker in St. Joachimsthal (heute Jáchymov) mit über 900 Silberminen. In seinem Buch *Vom Berg und Hüttenwesen* (*De re metallica libri XII*) analysiert er nicht nur die Praxis des Erzbergbaus, sondern auch die erschwerten

Bedingungen, unter denen ein erster Kontakt zu leiden hat. Im Vorwort heißt es:

> »Wird doch jeder aus diesen unseren Büchern erkennen, wie weit verzweigt der Bergbau ist, wie vieler und bedeutender Wissenschaften beträchtliche Kenntnis die Bergleute nötig haben, um ihn zu treiben.«

Kein antiker Schriftsteller habe ihn in seiner Gesamtheit behandelt, Neueres sei verworren, aber das Buch des Vannoccio Biringucchio aus Siena *Vom Gießen, Scheiden und Löten der Metalle* (*De la pírotechníca*, Venedig 1540) müsse er hervorheben, da dort ein Prozess zur Herstellung gewisser Salze beschrieben sei, an den er sich erinnert habe, als er sein Buch schrieb.[107] Er hatte ihre Herstellung in Italien gesehen. Alles andere Wissen stammte aus zahlreichen Besuchen in den Bergwerken des sächsischen und böhmischen Erzgebirges. Ich zitiere ausführlich gegen Schluss seines Vorwortes, weil er darin beschreibt, was er unter einer Wissenschaft vom Bergbau verstanden hat:

> »Die unternommene Aufgabe aber habe ich, obschon sie so ist, daß ich sie wegen der Menge Dinge nicht völlig durchführen konnte, wenigstens versucht zu lösen. Und ich habe auf sie viel Mühe und Arbeit verwendet, auch keine Kosten gescheut, denn die Gänge, die Werkzeuge, Gefäße, Gerinne, Maschinen und Öfen habe ich nicht nur beschrieben, sondern habe auch gegen Entlohnung Zeichner gewonnen, um Abbildungen zu schaffen, damit die mit Worten beschriebenen Dinge, die den gegenwärtigen oder zukünftigen Menschen unbekannt sind, ihnen keine Schwierigkeiten für das Verständnis bereiten. Sie pflegen uns nämlich nicht wenige Wörter zu bringen, die die Alten uns ohne Erklärung überliefert haben, weil diese Dinge allen bekannt waren. Doch ich will weglassen, was ich nicht selbst gesehen, gelesen oder gehört und dann geprüft habe, auch nicht niedergeschrieben worden; es ist aber als ein und dieselbe Art der Belehrung aufzufassen, ob ich nun vorschreibe, was geschehen soll, oder ob ich erzähle, was zu geschehen pflegt, oder billige, was geschieht. Allein je mehr der Wissenschaft vom Bergbau jede Feinheit der Rede fremd ist, um so weniger fein sind auch diese meine Bücher, wenigstens entbehren die Gegenstände, mit denen es unsere Wissenschaft zu tun hat, bisweilen noch der richtigen Bezeichnungen, teils, weil jene Dinge neu sind, teils, weil, wenn sie alt sind die Erinnerung an die Namen, mit denen sie einst bezeichnet wurden, verschwunden sind. Deshalb war ich, was verzeihlich erscheint, gezwungen, einige Begriffe mit mehreren zusammengesetzten Wörtern zu bezeichnen, andere wieder mit neuen (...)«[108]

Es ist sofort zu erkennen, dass die Wissenschaft, von der Agricola spricht, keinen philosophischen Ansprüchen genügt. Er sagt selbst, sie entbehre der Feinheit der Rede. Ist sie schon Wissenschaft in dem Sinne, dass sich ihre Protagonisten leicht miteinander verständigen können, da sie alle wissen, worüber sie reden? Auch das nicht, denn Agricola schafft gerade erst die Voraussetzung für einen Codex von Begriffen, 250 Jahre nach der Zeit, mit der ich mich in diesem Essay beschäftige. Wissenschaftliches Vorgehen in diesem Stadium heißt erst einmal aufräumen, aufräumen mit dem Wust von Begriffen, der den Denkprozess versumpft und eine Verständigung untereinander verhindert. Und es bedeutet, Ordnung zu schaffen und die einzelnen Elemente des Produktionsprozesses so deutlich voneinander abzuheben, dass ihre Verfahren auch isoliert voneinander verbessert werden können, mit anderen Worten, eine Spezialisierung zu initiieren. Das war bei Agricola schon in der Kapiteleinteilung angelegt. Noch versteht Agricola Wissenschaft ganz im ursprünglichen Sinn als »sich Wissen verschaffen« oder als das, was »Wissen schafft«, weshalb Bergleute von vielen und bedeutenden Wissenschaften Kenntnis haben müssten. Und er versteht sie als Verständnis erwecken, weshalb er für teures Geld zeichnen lässt, und zwar so gut, das wir mit den Abbildungen noch heute als Agricolas zukünftige Menschen verfolgen können, wie Bergbau im Erzgebirge des 16. Jahrhunderts betrieben wurde. Das soll durchaus als Seitenhieb zur Bemerkung Kuhns verstanden werden, technisches Quellenmaterial habe für die historische Forschung »so gut wie keine Bedeutung«.

Agricola beschäftigt sich in zwölf Büchern mit den frühen Stadien von Wissenschaften, die wir heute der Geologie zuordnen (Auffinden von Gängen, von Verwerfungen und Klüften), der Chemie (Isolieren der Metalle, Scheidekunst, Probierkunst, Produktion von Salzen, Natron, Alaun u.a.), der Technik (bergbauliche Maschinen und Werkzeuge) und mit Schmelzprozessen und Ofenbau. Dazu kommen rechtliche Fragen, Akzeptanz des Bergbaus in der Bevölkerung (Umweltschäden), der Handel mit Metall und Edelmetall (Abbildung 36). Mit dem Studium des Buches konnte ein Unternehmer nach neuesten Methoden tätig werden, ein Kapitalgeber Risiken abschätzen und die Fürsten, denen das Buch gewidmet war, konnten Bergrecht und die Abschöpfung von Profiten ihrer Habgier anpassen. Es war für alle Beteiligten nützlich.

Betrachtet man die Diagnose genauer, die Agricola über den Zustand der Bergwerke gestellt hat, so waren die Bergleute um 1300 mit Sicherheit noch in in einer ähnlichen Lage, handelten mit verschiedenen Begriffen

Abbildung 36: Mit einem Wasserrad angetriebene Pumpe, die mit vier Pumpsätzen und einer Zwischenetage Grubenwasser nach oben befördert. Mit mehreren Zwischenetagen gelang es den Bergleuten, Wasser aus bis zu 240 Fuß (80 m) in die Höhe zu pumpen. Georg Agricola, Vom Berg und Hüttenwesen (De re metallica libri XII). Basel 1556.

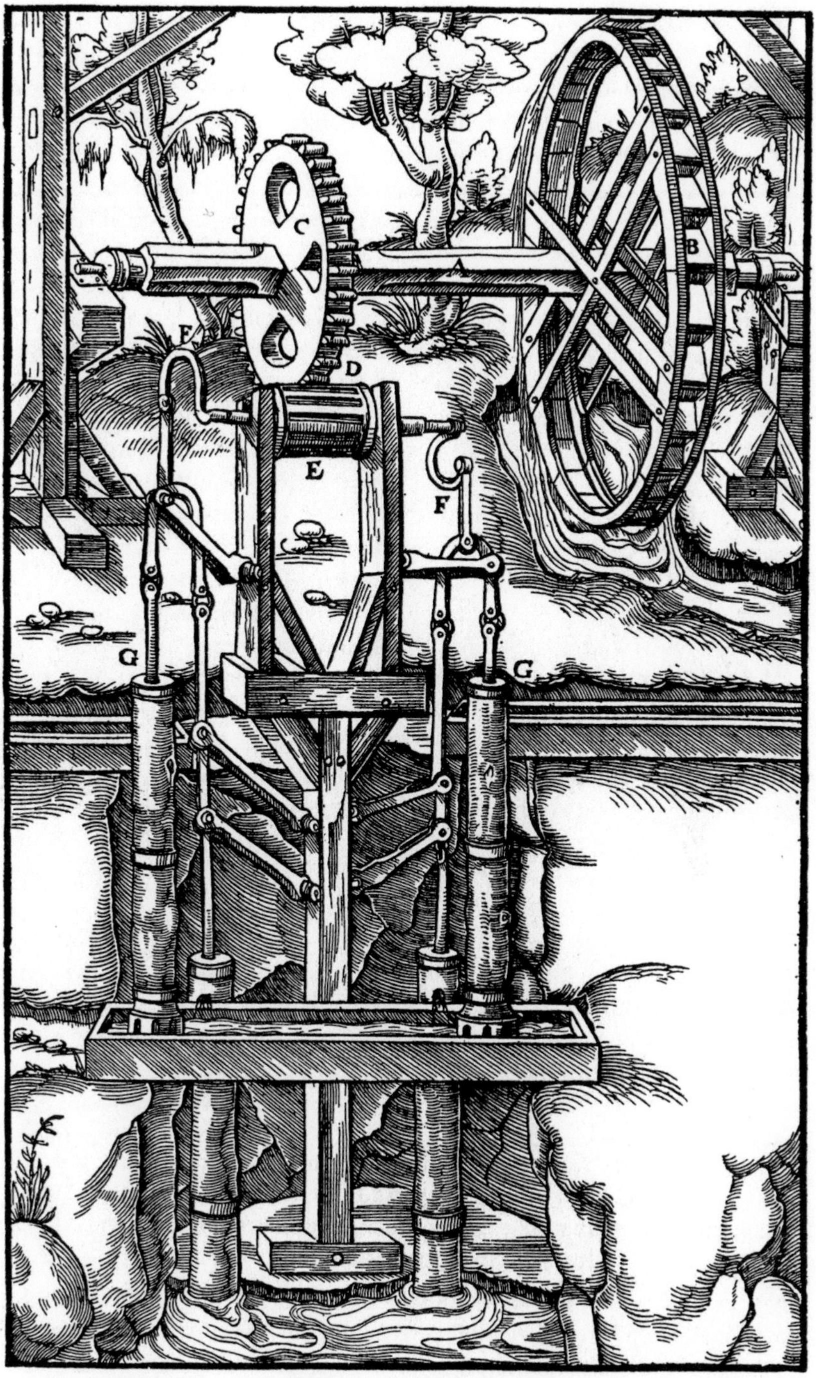

Die obere Welle A. Das Waſſerrad, das durch das Bachwaſſer getrieben wird B. Das Zahnrad C. Die untere Welle D. Das Getriebe E. Die Krummzapfen F. Die Gruppen von Pumpenſätzen G.

für die gleiche Sache, hatten eine von einer lokalen Tradition geprägten Sprache und eine vergleichsweise geringer ausgeprägte Fähigkeit zu reproduzierbarem kontrollierten Vorgehen beim Probieren, Schmelzen und Scheiden der Metalle. Ihre Tradition wurde mündlich weitergegeben, sie lernten von ihren Vätern und Arbeitskollegen, und ihr Wissen verschwand mit ihnen, wenn es nicht in der täglichen Arbeit weitergegeben worden war und im Produktionsprozess fortwirken konnte. Es war Handwerk im Bergwerk, keine Spur von Wissenschaft in einem einigermaßen modernen Sinn. Die meisten Historiker der Wissenschaft können mit ihm nichts anfangen.

Betrachten wir jetzt einmal nicht das, was diese Handwerker von der Wissenschaft trennt, sondern das, was sie bereits konnten, dann sieht die Sache anders aus. Sie waren in der Lage, Erzgänge aufzufinden und sie voneinander zu unterscheiden, und sie legten Prospektionsgänge an. Sie wussten um zahlreiche Verfahren, mit denen Metalle rein dargestellt werden konnten. Sie bauten Öfen und wussten um die Wärmemenge, die zum Schmelzen nötig war. Sie bauten Maschinen zur Förderung des Erzes, und sie hatten Spezialisten für die Wasserbauanlagen. Sie wussten viel und passten dieses Wissen an die örtlichen Gegebenheiten an. Der ständige Umgang mit der widerspenstigen Materie »musste das Kausalitätsbedürfnis reizen und ein Streben nach rationellerer Arbeitsweise ins Leben rufen«.[109] Sowohl der empirische Zugang als auch die mathematische Behandlung »kamen spontan zu ihrem Recht«. Mit der Rekonstruktion dieses Wissens beschäftigen sich Monographien einzelner Bergwerke und die Montanarchäologie. Man kann ihre Ergebnisse für eine allgemeine Geschichte der Naturwissenschaften nutzen, wenn man nur will.

Die unvollständige Aufstellung zeigt: Schon vor Agricola hätte es sich für einen Wissenschaftler gelohnt, den Arbeitsprozess festzuhalten und gedanklich zu durchdringen. Für die Scholastiker jedoch waren solche Fähigkeiten weniger Wert als ein »Vorauswissen« aus Einzelheiten und Allgemeinbegriffen, mit dem man überhaupt erst in die Untersuchung über das Wesen einer Sache einsteigen konnte (Aristoteles, Zweite Analytiken oder Lehre vom Erkennen, 1. Kap.). Warum also sollte man sich darum kümmern? Der unterlassene Bergwerksbesuch hatte System. Es war kein Zufall, wenn sie z.B. das, was Aristoteles über die Mischung von Materie gesagt hat, nicht an der Wirklichkeit der Scheideverfahren im Bergwerk überprüften. Das hat keiner gemacht, weil niemand einen Erkenntnisgewinn aus Schweiß treibenden Tätigkeiten erwartete und Wahrheiten in einem Denkprozess aufzusuchen waren. Selbst aus Zisterzienserklöstern, die im Ruf stehen, relativ fortgeschrittene Technologien der Wasserkraft auch für die Erzgewinnung- und verarbeitung eingesetzt zu haben, ist trotz örtlicher Nähe eine solche Zusammenarbeit nicht belegt.

Diesen Grundzug scholastischer Wissenschaft muss man im Auge behalten, wenn man sich wundert, dass die Mechanik keine Anleihe bei ihr vorgenommen hat. Er hielt sich an den Universitäten trotz gelegentlicher Appelle, Handwerk und Technik zu studieren und Werkstätten zu betreten (wie vom Spanier Ludovico Vives 1493 bis 1540), hartnäckig bis in die Neuzeit und wirkte als Blockade. Der Schöpfer der Phlogistontheorie der Verbrennung, Georg Ernst Stahl (1660 bis 1734) beklagte sich noch Anfang des 18. Jahrhunderts (!) und sprach von einem »Spielwerk müßiger Köpfe«, von einer »bloßen Phantasterei im Gehirn«, wenn die immer noch die Universitäten bevölkernden Aristoteliker »zum Zeitvertreib« die kleinsten natürlichen Körper nach einer mathematischen Grille »*ad infinitum* zerteilten«.[110] Er war wie Agricola Arzt, hatte als Medizinprofessor in Halle auf Grund eigener Anschauungen Vorlesungen über Chemie, Erzverhüttung, Salpetersiederei, Färberei und Bierbrauerei gehalten und bei den Praktikern viel Verschwendung ausgemacht, weil sie keinen theoretischen Leitfaden hatten.[111]

Die Beispiele Agricola und Stahl sollten zeigen, dass im Verhältnis von Wissenschaft und Praxis auch dann die Grundlage für die Enstehung der Naturwissenschaften zu sehen ist, wenn wie im 13. Jahrhundert kaum Ansätze zu einem Zusammenspiel zu erkennen sind. Fehlt es, liegt es an beiden, an der unentwickelten Praxis und an der unentwickelten Theorie. Wir haben mit gewaltigen Zeitverschiebungen zu rechnen, wenn ein wissenschaftliches, aber praxisfernes System auf praktische, aber wissenschaftsferne Tätigkeiten trifft. Jedes gehorcht seinem eigenen Rhythmus. Das etablierte System mit wissenschaftlichem Fundament ist im Vorteil, solange es sich Erkenntnissen aus der Praxis nicht stellen muss. Erst wenn die Praxis in einem langen Anlauf Fahrt aufgenommen und den Punkt erreicht hat, an dem sie ohne eine wissenschaftliche Durchdringung des Arbeitsprozesses nicht mehr weiterkommt, werden die Defizite der althergebrachten Wissenschaft offensichtlich. In diesem *dynamischen Prozess* im Verhältnis von Wissenschaft und Praxis ist die Antwort auf die Frage nach der Entstehung der modernen Naturwissenschaften schon zu einem sehr frühen Zeitpunkt zu suchen, als Wissenschaft und Praxis noch kaum etwas miteinander zu tun hatten. Die Naturwissenschaften entstanden nicht wie der Phoenix aus der Asche des scholastischen Denkens, sondern aus der Wucht des Zusammenpralls dieses Denkens mit einer neuen, aus der Tiefe der Zeit herausgewachsenen materiellen Kultur, die ihre eigenen Vorstellungen von Wissenschaftlichkeit hatte und anfing, danach zu handeln – mit durchschlagender Wirkung auch auf die Philosophie.

Zweierlei Vernunft

Welche Vorstellungen waren das? Was hatte es zu bedeuten, wenn Giottos Zeitgenossen seine Malerei mit den Attributen *ratio, sapientia* und *doctrina* versahen? Verstanden sie etwas Anderes darunter als die Scholastiker? Alle drei Begriffe sind schillernd. Am schärfsten definiert scheint *sapientia*, das üblicherweise mit Weisheit übersetzt wird. Aber auch da spielen Elemente von Vernunft, Klugheit, bei Cicero sogar die Philosphie der Staatskunst mit hinein. *Doctrina* ist Gelehrsamkeit und Kenntnis, vor allem Unterricht, und manchmal Wissenschaft oder Kunst, hauptsächlich aber bedeutet *doctrina* durch Philosophie angeeignete Grundsätze im Sinne von doktrinär. *Ratio* ist der schillernste Begriff von allen: Er reicht von Rechnung über Geschäft bis zu Denkvermögen wie Vernunft, Begründung, wissenschaftliche Kenntnis einschließlich methodischer Überlegungen wie Beweisführung, Aufschluss, Methode, Regel, Beschaffenheit.[112] Also war Giottos Malerei weise, kenntnisreich und belehrend? War sie vernünftig, wissenschaftlich und methodisch? Hatte sie Regeln oder war sie doktrinär?

Alle drei Begriffe zusammen bedeuten Wissenschaft in allen ihren Nuancen, durch *ratio* sogar unter Einschluss des Rechnens und Berechnens. Sie sind mehr als *scientia*, die für gründliches, vor allem philosophisches Wissen steht, aber auch für die verschiedenen Zweige der *artes liberales*. Hier aber ging es um die *artes mechanicae*, die mit *scientia* aus Sicht der Scholastiker nichts gemein haben und weit unter ihr stehen. Es ist wahrscheinlich kein Zufall, dass Saliceto von *ratio* und nicht von *scientia* spricht, wenn er für medizinische Eingriffe eine Wissensgrundlage verlangt. Wir sprechen noch heute von einem rationalen Vorgehen und meinen damit vernunftgesteuertes Handeln. Sprechen wir von rationell, dann meinen wir den Einsatz von Kraft, Zeit, Arbeit oder Geld oder alles zusammen, »aus Vernunft klug berechnet«. Was vernünftig ist, bestimmen die Tätigkeiten, nicht die Philosophie. Sie sind berechenbar. Die Scholastik verband mit Vernunft eine rationale Einsicht in den Offenbarungsinhalt. Es war eine auf den Glauben gestützte Vernunft.[113]

Mit der Aufnahme von profanen Elementen der *ratio* beginnt sich die Arbeitswelt zu verändern. Aus Handwerk wird schließlich Technik, aus der Arbeit des Baders die des Chirurgen, aus dem Seemann der instrumentenbewehrte Kapitän, aus dem Händler der Finanzkalkulator und aus dem Maler der Geometer der Zentralperspektive. Mit etwas Phantasie kann man erkennen, dass sich hier, im 13. Jahrhundert, embryonale

Kräfte bilden, die, freigesetzt und erwachsen geworden, der Neuzeit ihren Stempel aufdrücken werden. *Sie* sind das *missing link* zu den modernen Naturwissenschaften und sie sind es schließlich sogar zu einer neuen Philosophie, in der die Wahrnehmung und nicht die Offenbarung bestimmt, worüber die Vernunft zu entscheiden hat. Die Scholastik wird allerdings erst im Verlauf des 17. Jahrhunderts gründlich zerlegt.

Abbildung 37: John Locke. Lithographie nach einem Gemälde von H. Garnier.

Unter anderen von dem Arzt John Locke (1632 bis 1704). Er wird »in das Allerheiligste der Eitelkeit und Unwissenheit einen Vorstoß unternehmen« und unter dem Vokabular der Scholastiker aufräumen, um »dem menschlichen Verstand damit einen Dienst zu erweisen«, so wie das Agricola mit der Sprache der Bergleute gemacht hat, um der menschlichen Praxis einen Dienst zu erweisen[114] (Versuch über den menschlichen Verstand). Locke unterscheidet vier Stufen der Vernunft:

> »Die erste und höchste ist die Ermittlung und Auffindung von Wahrheiten; die zweite besteht in der ordnungsgemäßen und methodischen Einteilung jener Wahrheiten, die so klar und zweckmäßig geordnet werden, dass ihr Zusammenhang und ihre Bedeutsamkeit leicht und klar zu erkennen sind; die dritte besteht in der Wahrnehmung ihres Zusammenhangs; die vierte endlich besteht darin, dass die richtige Schlussfolgerung gezogen wird. Diese verschiedenen Stufen sind bei jeder mathematischen Beweisführung festzustellen.«[115]

Im Schließen und Folgern liegt für Locke der Kern der Fähigkeiten der Vernunft. Sein Vorbild ist die Mathematik und nicht der Syllogismus des Aristoteles, der nur »den Zusammenhang von Beweisgliedern in einem beliebigen Einzelfall« aufzeigen kann. Man brauche ihn eigentlich nicht, »weil der Geist einen solchen Zusammenhang, falls er wirklich vorhanden ist, ohne den Syllogismus ebenso leicht, ja vielleicht besser erkennen kann«. Er vergleicht dieses logische Schlussverfahren mit einer Brille für Schwachsichtige, die aber nicht behaupten könnten, dass jemand ohne Brille die Dinge nicht klar und deutlich sehen könnte. »Wenn die Vernunft stark und geübt ist, sieht sie gewöhnlich mit Hilfe ihres eigenen Scharfblicks schneller und klarer ohne Syllogismen«. Vor Aristoteles hätten die Menschen auch ihren Verstand gebraucht und Schlüsse gezogen. Der natürliche, unverbildete Verstand könne Kenntnisse über die Natur eher erschließen als irgendein scholastisches Verfahren. »Denn ausgetretene

Pfade führen diese Art von Rindvieh (wie ein gut beobachtender Römer sie nennt), dessen Denken nur bis zur Nachahmung reicht, *non quo eundum est, sed quo itur*«, nicht wohin man gehen soll, sondern wohin man geht. Bei dem Römer handelt es sich um Seneca, und das Zitat stammt aus *Vom glücklichen Leben.*

Von Naturwissenschaft spricht der Mediziner Locke 1690 trotz seines antischolastischen Furors nicht. In Naturdingen könne selbst mit wiederholten Experimenten kein wirkliches Wissen erworben werden, allenfalls ein »Annehmen und Meinen«. Das glaubt er trotz Galilei und Kepler sagen zu müssen, die Zusammenhänge in der Natur entdeckt und in der Sprache der Mathematik beschrieben hatten. Und das sagt er trotz Mariotte und von Guericke, die die Physik der Gase zu seinen Lebzeiten begründeten. Locke hatte offenbar keine Vorstellung davon, dass in den Naturwissenschaften Erkenntnisse nur aus einer schrittweisen Vertiefung des Verständnisses von Zusammenhängen erwachsen und sich nicht auf Anhieb als Wahrheiten in mathematischer Form präsentieren. Er beschrieb den Mangel an gesicherten Naturtheorien als ein prinzipielles, nicht zu beseitigendes Defizit.

Stahl ging anders vor. Er kritisierte die scholastische Methode einige Jahre später nicht philosophisch, sondern praktisch, und versuchte sich mit seiner Phlogistontheorie der Verbrennung an der Formulierung eines allgemein gültigen Zusammenhangs. Stahl verlangte für uns Selbstverständliches: Mischungen seien daraufhin zu untersuchen, was sie enthalten, statt sie nach mathematischen Regeln willkürlich zu zerlegen. Seine Attacke zielte auf die Substanztheorie des Aristoteles, auf einen Kern seines Theoriegebäudes, und er ersetzte sie durch eine neue, aus Kenntnis der Praxis hervorgegangene und mit chemischen Abläufen zu vereinbarende Theorie. Sie war ein praktisch nützliches Konzentrat aus Beobachtungen und eine Disziplinierung der Mathematik, die sich der materiellen Welt unterzuordnen und ihr dienstbar zu sein hatte statt sie nach ihren Regeln und Zahlenfolgen zu formen. Stahls Annäherung an die Wirklichkeit mit dem Versuch einer theoretischen Verallgemeinerung des Verbrennungsprozesses wurde nach 80 Jahren von der besser tauglichen Sauerstofftheorie Lavoisiers abgelöst. Es ist das übliche Schicksal naturwissenschaftlicher Theorien. Sie sind nur so lange »wahr« wie sie sich dem Erkenntnisgewinn aus möglicher Beobachtung und experimenteller Methode »korrekt« angenähert haben – eine relative Wahrheit auf Zeit und mit immer unbestimmtem Verfallsdatum.

Nachbemerkung

Lockes Abrechnung mit der scholastischen Methode war grundsätzlich, sie kam spät und war anscheinend immer noch aktuell. Das wollte ich mit meinem Ausflug ins 17. Jahrhundert zeigen. Diese Methode war von Anfang an kein Werkzeug zur Untersuchung der Natur *und ist es nie geworden.* Sie hatte mit dem Entstehen einer naturwissenschaftlichen Methode so viel zu tun wie die Weltkarten der Mönche mit den Portolankarten der Seefahrer: Nichts. Sie lebten in getrennten Welten mit eigenen Regeln beim Gebrauch des Kopfes für ganz unterschiedliche Aufgaben. Ich hoffe klar gemacht zu haben, wo die Ursprünge neuzeitlicher Wissenschaft zu suchen sind: In den ersten Ansätzen für eine Beherrschung des Arbeitsprozesses in der Medizin, in den Handelskontoren, Werkstätten und Bergwerken, beim Kathedralen- und Festungsbau und in der Schifffahrt. In diesen von der mittelalterlichen Wissenschaft als minderwertig angesehenen Bereichen entstand das, was Dijksterhuis als spontanes Kausalitätsbedürfnis bezeichnet. Es war eng an den Arbeitsprozess gekoppelt. In Lockes philosophischer Betrachtung entspricht es einer natürlichen Vernunft, einer gedanklichen Durchdringung produktiver Tätigkeiten, in der sie lernte, Hilfsmittel zu ihrer Beherrschung zu gebrauchen. Experimentelle Methoden finden wir zuerst im Bergwerk, mathematische in der Astronomie, im Handel, in der Navigation und in der Architektur, und ein sich einspielendes Verhältnis von Theorie und Praxis in der Medizin. Damit waren alle Elemente moderner naturwissenschaftlicher Methodik schon im 13. Jahrhundert vorhanden. Sie mussten nur noch zusammenfinden.

Verlassen wir zum Abschluss die Scholastik als philosophische Methode und werfen einen sehr kurzen Blick auf das, was dem Mittelalter aus der Antike und dem Islam an Wissen bereitgestellt wurde, dann gab es zahllose Berührungspunkte zwischen den Welten. Die mittelalterliche Medizin ist ohne den Kanon des Avicenna, ohne Galen, Hippokrates und Celsus nicht denkbar. Die Medizin verdankt der Übersetzertätigkeit von Klerikern alles. Die Naturphilosophie verdankt Aristoteles grundlegende Fragestellungen nach dem Werden und Vergehen, nach dem Unendlichen, nach der Zusammensetzung der Materie und vieles andere mehr. Sie verdankt ihm einen Eindruck über die großen Zusammenhänge in der Natur und das Beispiel genauer Beobachtungen von Einzelheiten. Das Mittelalter hat lange gebraucht, das gigantische Material zu verdauen und christlich zu verbiegen, ihm eine wächserne Nase zu verpassen, wie Locke sagt. Auch die Fortschritte in der Mathematik sind ohne griechisches und arabisches Wissen nicht denkbar. Das alles stand hier nicht zur Debatte. Es ging darum, wer mit diesem Wissen und mit welcher Methode bereits im Mittelalter die Kräfte in Bewegung setzte, die auf eine neuzeitliche Wissenschaft zusteuerten. Die Scholastiker waren es jedenfalls nicht.

Anmerkungen

1 Roger Bacon, *Opus majus ad Clementem Papam*, veröffentlicht von Samuel Jebb 1733.
2 George Sarton, *Introduction to the History of Science*. Huntington/New York 1931, Reprint 1975. Vol. 2, Part 2, S. 952 f.
3 Lynn Thorndike, *A History of Magic and Experimental Science*. New York 1923. Vol. 2, S. 307 f. / Lynn Thorndike, *The True Robert Bacon*. The American Historical Review. Vol. 21, No. 2, Jan., 1916, S. 237-257, und Vol. 21 No. 3 April 1916, S. 468-480 / Bibliographie in Catholic Encyclopedia, Roger Bacon / eine gute Zusammenfassung in Wikipedia englisch.
4 Jacques Le Goff, Die Intellektuellen im Mittelalter. Stuttgart 1986, S. 145.
5 Winfried Wehle, Der Tod, das Leben und die Kunst: Boccaccios Decameron oder der Triumph der Sprache, in: Borst, Arno (Hrsg.), Tod im Mittelalter, Konstanz 1993, S. 221-260.
6 Fernand Braudel, Das Mittelmeer und die mediterrane Welt in der Epoche Philipps II. Frankfurt 1994. Bd. 1, S. 358-360.
7 Georg Michael Fleischer, Ritter auf dem Meer. Darmstadt/Mainz 2011, S. 132.
8 John H. Pryor, *Geography, technology, and war. Studies in the maritime history of the Mediterranean 649–1571*. Cambridge University Press 1992, S. 12 ff.
9 Fleischer, a. a. O., S. 136.
10 Fleischer, a. a. O., S. 160.
11 Braudel, a. a. O., S. 383.
12 Olaf B. Rader, Friedrich II., S. 349, 400.
13 Konrad Kretschmer, Die italienischen Portolane des Mittelalters. Veröffentlichungen des Instituts für Meereskunde und des Geographischen Instituts an der Universität Berlin, Heft 13. Berlin 1909.
14 Ausführlich Tony Campbell, *Portolan Charts from the Late Thirteenth Century to 1500*. In: The History of Cartography Vol. 1. University of Cicago Press 1987, S. 371 ff. und für die Reproduktionen der Portulankarten: Michel Mollat du Jourdin, Monique de la Roncière, Les Portulans, Cartes marines du XIIIe au XVIIe siècle. Fribourg (Suisse) 1984.
15 Helmut Minow, Portolankarten (I). Geschichte der mittelalterlichen Seekarten. Géomatique Suisse 6/2004, S. 375.
16 William Gilbert, *On the Magnet*, New York 1958, S. 5.
17 Julius Klaproth, *Lettre à M. le baron A. De Humboldt, sur l'invention de la boussole*. Paris 1834, S. 50 ff.
18 J. Klaproth, a. a. O., S. 41.
19 *Historiae Hierosolomitanae*, Kap. 89, siehe Klaproth, a. a. O., S. 14.
20 *The Mariner's Compass* (1880): an essay by Rear Admiral G. H. Preble in

The United Service, Monthly Review of Military and Naval Affairs, Vol. III, 15 p.

21 Humboldt, Kosmos II. Stuttgart 1869, S. 295.

22 Sarton, a. a. O., Vol 2, Part 2, ab S. 1047.

23 Ernst Jünger, Sämtliche Werke. 2. Auflage. Suttgart 2004. Band 12, S. 7.

24 Ernst Jünger, a. a. O.

25 *Dizionario della lingua italiana* 1827. Bd. 2, S. 409: »*Compasso significa anche Carta da navigare, o forse bussola*«.

26 *Compasso de navegare* = Erstes Seehandbuch Mittelmeer aus dem 13. Jahrhundert/aus der altital. in die dt. Sprache übertr. und mit einer Einf. vers. von Christian Weitemeyer 1996.

27 David Abulafia, Das Mittelmeer. Eine Biographie. Frankfurt 2013, S. 464.

28 Manfred Pittioni, Genua – die versteckte Weltmacht. Wien 2011, S. 42 ff.

29 Yoro K. Fall, *L'Afrique à la Naissance de la Cartographie moderne*. Paris 1982, S. 55 ff.

30 Brigitte Prévot, *La Science du Cheval au Moyen Age*. Paris 1991.

31 Robert Roth, Die Pferdeheilkunde des Jordanus Ruffus. Berlin 1928.

32 Tract. 2, Cap. 2 *De infirmatibus et protectibus quadropedum animalium.*

33 Eis, Gerhard, »Albrant«, in: Neue Deutsche Biographie 1 (1953), S. 151-152. URL: http://www.deutsche-biographie.de/pnd118501593.html.

34 Giordano Russo (!), *Lo libro dele marescalcie dei cavalli.* Staatliche Museen Berlin. Kupferstichkabinett. Cod. 78C15.

35 Vitruv, *De architectura* 10,8.

36 http://digi.ub.uni-heidelberg.de/diglit/bav_pal_lat_1071/0189.

37 H. Schöpffer, Des Hohenstaufen-Kaisers Friedrich II Bücher von der Natur der Vögel und der Falknerei mit den Zusätzen des Königs Manfred. Berlin 1896.

38 François Quesnay, *Recherches critiques et historiques sur l'origine, sur les divers états et sur les progrès de la chirurgie en France*. Paris 1744. Vol I, S. 35.

39 G. Wolf-Heidegger, Anna Cetto, Die anatomische Sektion in bildlicher Darstellung. Basel, New York 1967, S. 36 f.

40 Rudolf Virchow, Morgagni und der anatomische Gedanke, Berliner klin. Wochenschr. 31, 1894, S. 345-350.

41 Sarton, a. a. O., Vol. 2, Part 2, S. 1078-1082, und Fleischer, a. a. O., S. 216, 217.

42 *The Surgery of William of Saliceto*, aus dem Lateinischen übersetzt von Paul Piteau. San Francisco 1998, S. 34. Übersetzung H.V.

43 Mark H. Infusio, Dorothy Win, Ynez V. O'Neill, *Mondino's Book and the Human Body*. Vesalius 1,2, 1995, S. 71-76.

44 A. Castiglioni, *Histoire de la Médicine*. Paris 1931, S. 280 f. Übersetzung H.V.

45 Übersetzungen durch Gerhard von Cremona. Aus: Complete Dictionary of Scientific Biography | 2008 | Gerard of Cremona (GAS = Geschichte des arabischen Schrifttums, F. Sezgin. Leiden 1997).

44 [60]. Galen, De elementis. See GAS.III, 87; M. Ullmann, Die Medizin im Islam. 38, no. 4. Inci-pit: »Quoniam cum sit element cum minor pars.« Richard J. Durling, »Corrigenda and Addenda to Diels ›Galenical‹ 465; and H. Diels, »Die Handschriften der antiken Ärzte. Griechische Abt. I. Hippokrates und Galenos« 64.
45 [58]. Galen, Expositiones super librum Ypo-cratis de regimine acutarum egritudinum. GAS, III, 33, 118; Ullmann, 56. no. 61. See Diels, 102-103; Durling, 476. Printed in the Articella (Venice, 1513).
46 [61]. Pseudo-Galen, De secretis. GAS, III, 126, no. 91; Ullmann, 60, no. 103. See wüstenfeld, 69, for manuscripts, incipits, and editions.
47 [62]. Galen, De complexionibus. Incipit: »Insignes antiqui medicorum et philosophorum.« Durling, 472; Diels, 65.
48 [63]. Galen, De malicia complexionis diverse. GAS, III, 109-110; Ullmann, 39, no. 7. Incipit: »Malitia complexionis diverse quandoque.« Durling, 466; Diels, 84.
49 [64]. Galen, De simplici medicinaI-V. GAS, III, 109-110; Ullmann, 47-no. 49. Incipit: »Nonmihi necesse est hic ostendere.« Durling, 471; Diels, 97.
50 [65]. Galen, De creticis diebus. GAS, III, 96, no. 19; Ullmann, 43, no. 30. Incipit: »Ut egritudinum que paulatim non.« p; Durling, 465; Diels, 91.
51 [66]. Galen, De crisi. GAS, III, 95, no. 18; Ullmann, 43, no. 29. Incipit: »Ego quidem non intendo.« Durling, 464; Diels, 90.
52 [59]. Galen, De expositione libri Ypocratis in pronosticatione. GAS, III, 32, no. 3a, and 123, no. 74; Ullmann, 50, no See Diels, 107-108; Durling, 476. Printed in the Articella (Venice, 1513).

46 Der »neue Galen«: A collection of medical works by the Greek physician and philosopher Galen (ca. 130-200), translated into Latin partly by Gerard of Cremona. The manuscript contains: De crisis (ff. 1r-24v); De criticis diebus (ff. 24v-42r); De ingenio sanitatis, translated by Gerard of Cremona (ff. 42r-112v); De accidenti et morbo (ff. 113r-135v); De interioribus (ff. 135v-168r); De iuvamentis membrorum (ff. 168r-190r); De complexionibus (ff. 190v-208r); De malitia complexionis diverse (ff. 208v-210v). By the end of the 13th century these texts had become the core of the Galenic corpus known as the ›new Galen‹, which was used as part of the teaching curriculum in medical university faculties… (Harley MS 3748, British library, 2nd half 14th century-15th century).

47 Sournia et al., Illustrierte Geschichte der Medizin. Salzburg 1980. Band 3, ab S. 1084.

48 Die natürlichen Eigenschaften, III, Kap. 15, zit. n. Illustrierte Geschichte der Medizin. Band 3, S. 1084.

49 Sournia, a.a.O., S. 1092.

50 Wolf – Heidegger, a. a. O., S. 75.

51 Michel Serres (Hg.), Elemente einer Geschichte der Wissenschaften. Frankfurt 2002, S. 351.

52 Enrico Guisti, *Le matematiche dalle scuole d'abaco all'universita*. pdf.

53 Friedrich Karl von Savigny, Geschichte des römischen Rechts im Mittelalter Band 3. Heidelberg 1834. S. 618.
54 *Codice Magliabechiano* cs cI 2616).
55 Zit. n. Le Goff, Wucherzins und Höllenqualen. Stuttgart 1988, S. 24.
56 Heinz Lüneburg, *Leonardi Pisani Liber Abaci*. Mannheim 1993, S. 183 ff.
57 Michael Seidlmayer, Geschichte Italiens. Stuttgart 1989, S. 260.
58 Referiert durch Enrico Guisti, a. a. O.
59 Adam Rises Rechenbuch auff Linien und Ziphren in allerley Handthierung, Geschäften und Kauffmanschaft.
60 Jens Høyrup, Über den italienischen Hintergrund der Rechenmeistermathematik. Max-Planck-Institut für Wissenschaftsgeschichte 2008, Sonderdruck S. 10.
61 Benoît, a. a. O., S. 379, 382.
62 *Notta di Abaco*. Biblioteca Civica Berio – Genova. http://catalogo.sbi.genova.it/ Kennung m.r.Cf.Arm.20.
63 Denis Guedj, *L'empire des nombres*. Paris 1996, S. 46.
64 Johann Widmann, Behende und hübsche Rechnungen auff allen Kauffmannschaften 1526 (erstmals 1489 in Leipzig).
65 Zeuthen, Hieronymus Georg, Geschichte der Mathematik im Altertum und Mittelalter. Kopenhagen 1896.
66 Johannes Tropfke, Geschichte der Elementar-Mathemathematik. 2. Auflage Leipzig 1920. Bd. 1, S. 54, 81.
67 Riese, a. a. O., S. 35.
68 Jacques Le Goff, Die Geburt des Fegefeuers. Stuttgart 1990, S. 351.
69 Boccaccio, Dekamerone, 6. Tag, 5. Geschichte.
70 Giovanni Villani, *Nuova cronica Libro duodecimo XII:*
»Quando si cominciò a fondare il campanile di Santa Reparata e 'l ponte a la Carraia.
Nel detto, anno a dì XVIII di luglio, si cominciò a fondare il campanile nuovo di Santa Reparata, di costa a la faccia della chiesa in su la piazza di Santo Giovanni. E a ciò fare e benedicere la prima pietra fue il vescovo di Firenze con tutto il chericato e co' segnori priori e l'altre segnorie co·molto popolo a grande processione; e fecesi il fondamento infino all'acqua tutto sodo; e soprastante e proveditore della detta opera di Santa Liperata fue fatto per lo Comune maestro **Giotto nostro cittadino, il più sovrano maestro stato in dipintura che·ssi trovasse al suo tempo, e quelli che più trasse ogni figura e atti al naturale**; *e fulli dato salario dal Comune per remunerazione della sua vertù e bontà. Il quale maestro Giotto tornato da Milano, che 'l nostro Comune ve l'avea mandato al servigio del segnore di Milano, passò di questa vita a dì VIII di gennaio MCCCXXXVI, e fu seppellito per lo Comune a Santa Reparata con grande onore. E in questo tempo e istante si cominciò a fondare il nuovo ponte a la Carraia, il qual era caduto per lo diluvio, e fue compiuto di fare in calen di gennaio MCCCXXXVI, e costò più di XXVm di fiorini d'oro, e restrinsesi II pile al Vecchio; e fecionsi di nuovo le mura sopra*

la riva d'Arno da l'un lato e da l'altro, per adirizzare il corso del fiume, e per più bellezza e fortezza de la città«.

71 Julian Gardner, *Giotto and his Publics*. Cambridge 2011.
72 Michael Viktor Schwarz, Giotto. München 2009, S. 18 f.
73 Gardner, a. a. O., S. 25.
74 Giotto in der Scrovegni-Kapelle. Oriago 2006.
75 Joachim Poeschke, Wandmalerei der Giottozeit in Italien 1280 – 1400. München 2003, S. 184.
76 Armin Dietz, Medizingeschichte: Das Herz von Giottos Caritas. Dtsch. Ärztebl. 2012; 109 (33-34).
77 Sournia, a. a. O. Band 3, S. 1088 und 1089.
78 Hans Belting, Florenz und Bagdad. Eine westöstliche Geschichte des Blicks. München 2008, S. 151.
79 David C. Lindberg, Die Anfänge des abendländischen Wissens. München 1994, S. 373.
80 Kurt Flasch, Das philosophische Denken im Mittelalter von Augustin bis Machiavelli. Stuttgart 1987.
81 Helmut Veil, Von der Meteorologie der Sphären zum irdischen Vakuum. Wissenschaft und Religion im Barock. Frankfurt am Main 2009.
82 Barry Cunlife, Rom und sein Weltreich. Bergisch Gladbach 1979, S. 101.
83 Friedrich Dannemann, Die Naturwissenschaften in ihrer Entwicklung und ihrem Zusammenhange. Leipzig 1911. Band II, S. 5.
84 Ernst Mach, Die Mechanik in ihrer Entwicklung. 1. Auflage 1896, 8. Auflage Leipzig 1921, S. 80.
85 Erwin Schramm, Griechisch-römische Geschütze, Bemerkungen zu der Rekonstruktion. 1910.
86 Die Naturgeschichte des Cajus Plinius Secundus, übersetzt von G. C. Wittstein. Leipzig 1881. Vierter Band, 36. Buch, S. 209.
87 Zit. n. Edward Jan Dijksterhuis, Die Mechanisierung des Weltbildes. Berlin 1956, S. 148.
88 Alistaire Cameron Crombie, *Robert Grosseteste and the Origins of Experimental Science* 1100 – 1700. 1. Aufl. Oxford 1953, hier 1971.
89 Ein Popper des Mittelalters? Frankfurter Allgemeine Zeitung 5. 6. 1991.
90 Crombie, a. a. O., S. 319.
91 Dijksterhuis, a. a. O., S. 143.
92 Dijksteruis, a. a. O., S. 437.
93 Dijksterhuis, a. a. O., S. 438.
94 Dijksterhuis, a. a. O., S. 269, 271.
95 Károly Simonyi, Kulturgeschichte der Physik. Frankfurt 1990, S. 147.
96 Pierre Durhem, *Les Origines de la Statique*, Bordeaux 1905, Vol. 1, S. 52.
97 Carl B. Boyer, Uta C. Merzbach, *A History of Mathematics*. 2. Auflage New York 1989, S. 288.
98 Rodericus Zamorensis, Spiegel des menschliche lebens. Augsburg 1479, S. Lxxxxjv. Zit. n. Kitti Jurina, Vom Quacksalber zum Doctor Medicinae. Köln, Wien 1985, S. 13.

99 Seneca, *Epistulae morales ad Lucillium XC.*
100 Thomas S. Kuhn, Die Struktur wissenschaftlicher Revolutionen. Frankfurt 1973, S. 35.
101 *La filosofia è scritta in questo grandissimo libro che continuamente ci sta aperto innanzi a gli occhi (io dico l'universo), ma non si può intendere se prima non s'impara a intender la lingua, e conoscer i caratteri, ne' quali è scritto. Egli è scritto in lingua matematica, e i caratteri son triangoli, cerchi, ed altre figure geometriche, senza i quali mezi è impossibile a intenderne umanamente parola; senza questi è un aggirarsi vanamente per un oscuro laberinto. (Il saggiatore*, 1623. Hg. Antonio Favaro, *Le opere di Galileo Galilei*, Band VI. Firenze 1932, S. 232). Übersetzung H.V.
102 Max Jammer, *Concepts Of Force*. Mineola, New York 1999, S. 97.
103 Thomas S. Kuhn, Die Entstehung des Neuen, Studien zur Struktur der Wissenschaftsgeschichte. Frankfurt 1992, S. 209 f.
104 *P. Gaspari Schotti e Societate Jesu Technica Curiosa sive Mirabilis Artis.* Nürnberg 1664.
105 Erhard Weigel, *Ideae Matheseos Universae*. Jena 1687.
106 Kuhn, Die Struktur wissenschaftlicher Revolutionen«, a. a. O., S. 161.
107 Vannoccio Biringucchio, *De la pírotechníca*. Venedig 1540.
108 Zit. nach: Georg Agricola, Vom Berg- und Hüttenwesen. München 1994.
109 Dijksterhuis, a. a. O., S. 271.
110 Stahl, Specimen Becherianum, Grund-Mixtion. Leipzig 1703, S. 3, 6, 14, 15.
111 Helmut Veil, Geistesblitz und kühne Vermutung. Eine historische Studie zur Spekulation in den Naturwissenschaften – Ptolemäus, Cusanus, Fracastorius, Stahl, Yukawa. Frankfurt 2010, S. 83.
112 Georges, Lateinisch-Deutsches Handwörterbuch. Leipzig 1861.
113 Martin Grabmann, Die Geschichte der scholastischen Methode. Freiburg 1909.
114 John Locke, Versuch über den menschlichen Verstand. Hamburg 2006, Sendschreiben an den Leser, S. 12.
115 Locke, a. a. O., 4. Buch, Kap. XVII, S. 365 ff.

Der Autor

Helmut Veil, geb. 1943, war Allgemeinarzt in Frankfurt am Main und beschäftigt sich seit Jahrzehnten mit der Geschichte der Naturwissenschaften. Er untersucht die kulturellen und ideellen Voraussetzungen epochaler Gärungsprozesse der Naturerkenntnis, in denen sich festgefügte Erklärungsmuster zersetzen und neue noch nicht etabliert haben.

Bisher erschienen

Von der Meteorologie der Sphären zum irdischen Vakuum. Wissenschaft und Religion im Barock. Ein intellektuelles Milieu – wiederbelebt aus Erasmus Franciscis Diskurs über die Luft · 2009 · ISBN 978-3-934157-99-6 · Hardcover · 384 Seiten · 51 Abbildungen · Buchausgabe 42,– Euro E-Book (PDF) 18,– Euro

Geistesblitz und kühne Vermutung. Eine historische Studie zur Spekulation in den Naturwissenschaften – Ptolemäus, Cusanus, Fracastorius, Stahl, Yukawa · 2010 · ISBN 978-3-941743-08-3 · Broschiert · 120 Seiten 18 Abbildungen · Buchausgabe 19,80 Euro · E-Book (PDF) 9,80 Euro

Mitten im Umsturz Europas. Der Geologe und Revolutionär Faujas de Saint-Fond (1741 bis 1819) · 2012 · ISBN 978-3-941743-27-4 · Broschiert · 244 Seiten · 25 Abbildungen · Buchausgabe 24,80 Euro · E-Book (PDF) 12,– Euro

Aeronautiker zwischen Ballon und Vogelflug. Szenen aus der Kulturgeschichte des Fliegens · 2014 · ISBN 978-3-941743-41-0 · Hardcover · 156 Seiten · 43 Abbildungen · Buchausgabe 24,80 Euro · E-Book (PDF) 12,– Euro